高等职业教育"十三五"精品规划教材

Office 高级应用项目式教程

主　编　李观金　林龙健　王　静

副主编　李　磊　吴研婷　华楚霞　王　芬

中国水利水电出版社
www.waterpub.com.cn
·北京·

内 容 提 要

本书以培养学生的职业能力为导向，采取"项目载体、任务驱动"的教学方式，以工作任务为出发点，根据工作任务特点组织教材实施，凸显职业性、技术性和应用性。

本书以 Microsoft Office 中最常用的三大组件（Word、Excel、PowerPoint）的应用为载体组织内容，设计了 3 个项目共 15 个任务，每个任务按照"任务描述→任务实现→知识拓展→巩固提高"的思路组织教学内容，内容和难度符合全国高等学校计算机水平考试 II 级《Office 高级应用》（2010）考试大纲的要求。读者学习后，可快速掌握工作岗位所需的基本技能，并可参加相应等级的计算机水平考试。

本书可作为高职院校"Office 高级应用及办公自动化"课程的教材或教学参考书，也可作为办公人员的自学教材。

图书在版编目（CIP）数据

```
Office高级应用项目式教程 / 李观金, 林龙健, 王
静主编. -- 北京 ： 中国水利水电出版社, 2019.3（2024.1 重印）
 高等职业教育"十三五"精品规划教材
 ISBN 978-7-5170-7398-7

 Ⅰ. ①0… Ⅱ. ①李… ②林… ③王… Ⅲ. ①办公自
动化－应用软件－高等职业教育－教材 Ⅳ. ①TP317.1
```

中国版本图书馆CIP数据核字(2019)第025382号

策划编辑：陈红华　　责任编辑：张玉玲　　加工编辑：孙 丹　　封面设计：李 佳

书　　名	高等职业教育"十三五"精品规划教材 Office 高级应用项目式教程 Office GAOJI YINGYONG XIANGMUSHI JIAOCHENG
作　　者	主　编　李观金　林龙健　王　静 副主编　李　磊　吴研婷　华楚霞　王　芬
出版发行	中国水利水电出版社 （北京市海淀区玉渊潭南路 1 号 D 座　100038） 网址：www.waterpub.com.cn E-mail：mchannel@263.net（答疑） 　　　　sales@mwr.gov.cn 电话：（010）68545888（营销中心）、82562819（组稿）
经　　售	北京科水图书销售有限公司 电话：（010）68545874、63202643 全国各地新华书店和相关出版物销售网点
排　　版	北京万水电子信息有限公司
印　　刷	三河市鑫金马印装有限公司
规　　格	184mm×260mm　16 开本　11.75 印张　285 千字
版　　次	2019 年 3 月第 1 版　2024 年 1 月第 4 次印刷
印　　数	9001—12000 册
定　　价	32.00 元

凡购买我社图书，如有缺页、倒页、脱页的，本社营销中心负责调换

前　言

　　本书以培养学生的职业能力为导向，采取"项目载体、任务驱动"的教学方式，以工作任务为出发点，根据工作任务特点组织教材实施，凸显职业性、技术性和应用性。本书以 Microsoft Office 中最常用的三大组件的应用为载体组织内容，设计了 3 个项目共 15 个任务，每个任务按照"任务描述→任务实现→知识拓展→巩固提高"的思路组织教学内容，在教学中强调知识目标、能力目标和素质目标，突出职业能力的培养。

　　本书与其他 Office 高级应用的教材相比，具有以下几方面的特色：

　　（1）以实践操作为主，注重职业能力的培养。

　　本书摒弃枯燥抽象的理论讲解，采用理论与实践相结合的编写方法，从办公人员的实际工作需求出发，以 Microsoft Office 三大组件（Word、Excel、PowerPoint）的应用为项目载体，构建出一个个独立的工作任务，并以工作任务为驱动，把理论知识融入到实际任务的实践当中。读者通过完成项目任务，在获得知识的同时可增强操作能力。

　　（2）构建"项目载体、任务驱动"的教学内容体系。

　　本书按照实际的岗位工作需求，将传统的章节知识点体系打散重组，转变为基于"项目载体、任务驱动"的教学内容体系。这种内容组织形式将 Microsoft Office 软件操作知识点分解融入到工作任务当中，让读者零距离体验实际的工作情境。

　　（3）与考级考证紧密结合。

　　本书教学任务的内容和难度符合全国高等学校计算机水平考试 II 级《Office 高级应用》（2010）考试大纲的要求，并将考点融入到具体项目任务当中。读者学完后，既掌握了工作岗位所需的基本技能，又掌握了考级考证的技能点。

　　本书由惠州经济职业技术学院的一支教学经验丰富的专业教师团队编写，凝聚了一线教师多年的教学经验。本书主编为李观金、林龙健、王静，副主编为李磊、吴研婷、华楚霞、王芬。感谢惠州经济职业技术学院信息工程学院薛晓萍院长以及各位同事的支持和指导，感谢中国水利水电出版社为本书的出版给予的大力支持。

　　由于编者水平有限，加之编写时间仓促，书中难免存在不妥甚至错误之处，恳请广大读者批评指正，作者 E-mail：284019693@qq.com。

编　者

2019 年 1 月

目　　录

项目一　Word 高级应用

任务 1　制作公文

学习目标

1. 知识目标
- 掌握文档的创建和保存
- 熟练掌握基本编辑和格式化设置
- 掌握文档的页面设置
- 掌握公文文件头的制作方法
2. 能力目标
- 能够综合运用 Word 知识与技能制作常用公文
- 能够对 Word 文档进行基本的编辑和格式化

任务描述

　　小王是××××职业技术学院院长办公室的主任助理，开学初，学院要发布表彰 2018 年度先进集体和先进个人决定的公文，并将这个任务交由小王完成。整体效果如图 1.1.1 所示。

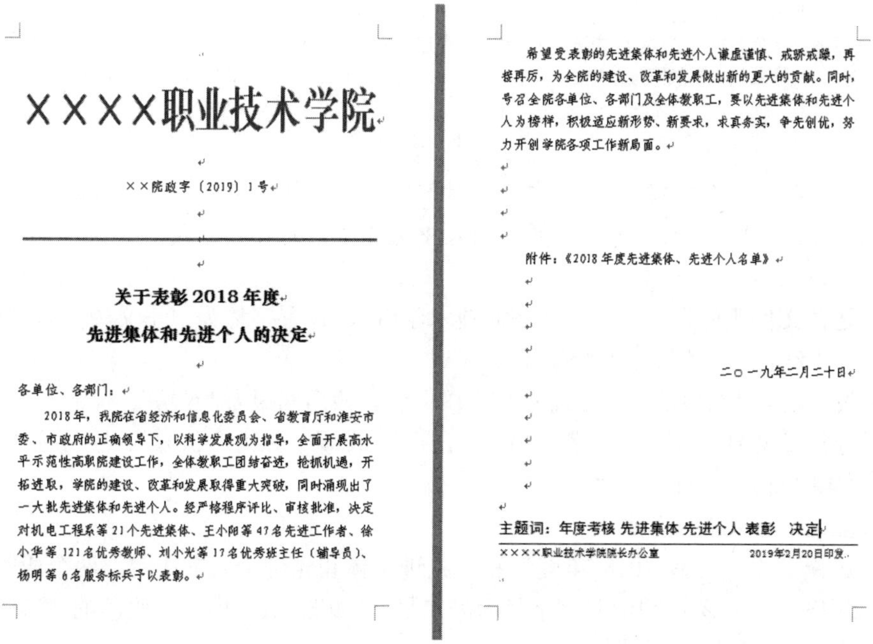

图 1.1.1　公文制作整体效果

任务实现

1. 了解公文的一般格式及规定

公文，又称公务文书或公务文件，是法定机关与组织在公务活动中，按照特定的体式、经过一定的处理程序形成和使用的书面材料。无论从事专业工作还是行政事务，都要学会通过公文来传达政令政策、处理公务，以保证协调各种关系，使工作正确、高效地进行。公文一般包括文件版头、公文编号、机密等级、紧急程度、标题正文、附件、发文机关、发文时间、主题词、阅读范围、主送机关、抄送单位等。

2. 录入文字内容

（1）新建一个 Word 文档并保存，命名为"公文制作"。

（2）在"公文制作"文档中输入如图 1.1.2 所示的文本内容。

××××职业技术学院
××院政字〔2019〕1 号
关于表彰 2018 年度
先进集体和先进个人的决定
各单位、各部门：
2018 年，我院在省经济和信息化委员会、省教育厅和淮安市委、市政府的正确领导下，以科学发展观为指导，全面开展高水平示范性高职院建设工作，全体教职工团结奋进，抢抓机遇，开拓进取，学院的建设、改革和发展取得重大突破，同时涌现出了一大批先进集体和先进个人。经严格程序评比、审核批准，决定对机电工程系等 21 个先进集体、王小阳等 47 名先进工作者、徐小华等 121 名优秀教师、刘小光等 17 名优秀班主任（辅导员）、杨明等 6 名服务标兵予以表彰。
希望受表彰的先进集体和先进个人谦虚谨慎、戒骄戒躁，再接再厉，为全院的建设、改革和发展做出新的更大的贡献。同时，号召全院各单位、各部门及全体教职工，要以先进集体和先进个人为榜样，积极适应新形势、新要求，求真务实，争先创优，努力开创学院各项工作新局面。
附件：《2018 年度先进集体、先进个人名单》
二〇一九年二月二十日
主题词：年度考核 先进集体 先进个人 表彰 决定
××××职业技术学院院长办公室　　　　2019 年 2 月 20 日印发

图 1.1.2　公文内容

提示：所有文字都顶格输入。公文中的时间输入：选择"插入"→"日期和时间"命令，在"日期和时间"对话框的"可用格式"列表中选择所需的日期格式。

3. 制作公文的文件头

（1）选择文件头内容"××××职业技术学院"，设置字体为"华文中宋"、字号为"62磅"、颜色为"红色"、字形为"加粗"。

（2）设置该文件头段落对齐方式为"居中对齐"、段后间距为"6磅"、行距为"单倍行距"。

（3）选择发文号"××院政字〔2019〕1 号"，设置字体为"仿宋"、字号为"三号"、对齐方式为"居中对齐"、行距为"1.5 倍"。

4. 设置文本格式及段落格式

（1）选择"关于表彰 2018 年度"和"先进集体和先进个人的决定"两个段落，设置字体为"华文中宋"、字形为"加粗"、字号为"二号"，如图 1.1.3 所示；段落的对齐方式为"居中"、行距为"单倍行距"，如图 1.1.4 所示。

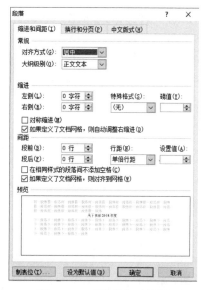

| 图 1.1.3 "字体"对话框 | 图 1.1.4 "段落"对话框 |

（2）选择段落"各单位、各部门："，对其进行字符格式设置：字体为"仿宋"、字号为"三号"，对齐方式为"左对齐"、行距为"单倍行距"。

（3）选择段落"2018 年，我院在省经济和信息化委员会……《2018 年度先进集体、先进个人名单》"，设置段落格式：对齐方式为"左对齐"，缩进为"首行缩进"、磅值为"2 个字符"，行距为"固定值 28 磅"。

（4）在"附件：《2018 年度先进集体、先进个人名单》"前面按 Enter 键，空四行；后面按 Enter 键，再空四行。

（5）选择段落"二〇一九年二月二十日"，设置段落格式：对齐方式为"右对齐"，缩进为"首行缩进"、磅值为"2 个字符"，行距为"固定值 28 磅"。把光标定位到本段末，按 Enter 键，空六行。

（6）把主题词调整到页面底部并设置主题词段落格式，字体为"黑体"、字号为"小二"。段落"××××职业技术学院院长办公室，2019 年 2 月 20 日印发"的字体为"宋体"、字号为"四号"。

提示：①抬头不空格，末尾加冒号（：）；②段落设置为首行缩进 2 字符、左右缩进 0 字符，段前段后间距各为 0，行间距为单倍行距（或固定值 28 磅）；③"附件："前空一行，如只有一个附件则紧跟附件标题，如有多个附件则添加阿拉伯数字标识；④落款一般前空两行，日期后空四格，落款日期上居中。

5．设置版式

单击"页面布局"→"页面设置"功能组右下角的小图标按钮，在弹出的"页面设置"对话框中设置页边距为上 2.54 厘米、下 2.54 厘米、左 2.5 厘米、右 2.5 厘米，纸张为 A4 纸、纵向，页眉为 1.5 厘米，页脚为 1.75 厘米，文档网格中每页行数为 44、跨度为"15.6 磅"，如图 1.1.5 所示。

6．绘制水平直线

（1）单击"插入"→"形状"→"线条"→"直线"命令，在发文号与标题之间的合适位置按住鼠标左键的同时按住 Shift 键，水平拖动鼠标，即可绘制出一条水平直线。

（2）单击"绘图工具/格式"→"形状样式"功能组右下角的按钮，在弹出的"设置形状格式"对话框中设置线条颜色为"红色"，线型宽度为"2 磅"，如图 1.1.6 所示。

图 1.1.5　设置版式　　　　　　　　　　　　　　图 1.1.6　设置线型

（3）采用上述方法，在文档最后的"主题词"与"抄送"和"××××职业技术学院院长办公室"之间绘制黑色、1 磅的水平直线。

7. 保存文件

（1）单击"文件"→"保存"命令，保存文件，效果如图 1.1.7 所示。

图 1.1.7　公文排版后的效果

（2）单击"文件"→"另存为"命令，打开"另存为"对话框，在"保存类型"下拉列表框中选择"Word 模板"选项，文件名为"公文模板"，保存位置为 Microsoft Office 安装目录的 Templates 文件夹，如图 1.1.8 所示。

图 1.1.8　保存文件位置

知识拓展

1. 新建、编辑和保存文档

（1）新建 Word 文档。

1）新建空白文档。

A. 启动 Word 2010 后，系统会自动创建一个空白文档，默认的文档名为"文档 1.docx"。

B. 在编辑文档的过程中，如果还需新建一个文档，则可单击"文件"→"新建"命令，选择"空白文档"选项，然后单击"创建"按钮，创建新文档。

C. 在 Word 2010 中按 Ctrl+N 组合键，创建新文档。

2）使用模板创建新文档。单击"文件"→"新建"命令，在右侧窗格"可用模板"区域中选择合适的模板，单击"创建"按钮，创建一个带有格式和内容的文档。

（2）输入文本。

1）输入符号。

A. 插入符号。将光标定位在要插入符号的位置，单击"插入"→"符号"→"符号"命令，在下拉列表中选择所需符号即可，如图 1.1.9 所示。若所需符号不在下拉列表中，则单击"其他符号"命令，打开"符号"对话框，选择字体并插入所需的符号，关闭该对话框。

B. 插入特殊字符。将光标定位在要插入符号的位置，单击"插入"→"符号"→"符号"命令，在下拉列表中单击"其他符号"命令，在"符号"对话框中选择"特殊字符"选项卡，选择并插入所需要的特殊字符。

2）插入数学公式。

A. 单击"插入"→"符号"→"公式"命令旁边的箭头，然后在"内置"列表中选择所需的公式。

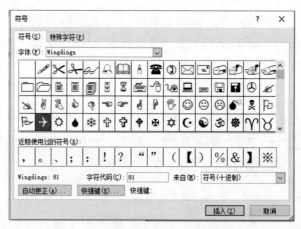

图 1.1.9　"符号"对话框

B. 在"公式工具/设计"选项卡的"结构"组中单击所需的结构类型（如分数或根式），然后单击所需的结构，如图 1.1.10 所示。

图 1.1.10　"公式工具/设计"选项卡的"结构"组

（3）选择文本。

1）拖动鼠标选择文本。将鼠标定位在选择文本的开始处，按住左键拖到所选文本结束处，松开鼠标左键。

2）选择不相邻的多处文本。按照上述方法，按住 Ctrl 键，再选择其他多处文本。选择一行，将鼠标移至该行的页面左侧空白处，当鼠标指针变成指向右侧的箭头时单击，则选中了该行的文本。

3）选择一段。将鼠标移至该行的页面左侧空白处，当鼠标指针变成指向右侧的箭头时双击，则选中了该段落的文本。

4）选择全文：按 Ctrl+A 组合键，即可选择整篇文档。

（4）复制、移动和删除文本。

1）复制文本。

A. 选择文本，单击"开始"→"剪贴板"→"复制"命令，再将光标移至目标位置，单击"开始"→"剪贴板"→"粘贴"命令或按 Ctrl+V 组合键。

B. 选择文本，按 Ctrl+C 组合键，再将光标移至目标位置，按 Ctrl+V 组合键。

C. 选择文本，按 Ctrl 键，按住鼠标左键将其拖动到目标位置。

2）移动文本。

A. 选择文本，单击"开始"→"剪贴板"→"剪切"命令，再将光标移至目标位置，单击"开始"→"剪贴板"→"粘贴"命令或按 Ctrl+V 组合键。

B. 选择文本，按 Ctrl+X 组合键，再将光标移至目标位置，按 Ctrl+V 组合键。

C. 选择文本，按住鼠标左键，将其拖动到目标位置。

3）删除文本。按 BackSpace 键或 Delete 键，可删除文本。

4）格式刷快速复制格式。格式复制是将源文本的字体、字号、段落设置等应用到目标文本中。

A. 格式只应用一次。先选择源格式文本或段落，单击"开始"→"剪贴板"→"格式刷"命令，再拖动鼠标选择目标文本，即可完成格式的复制。

B. 格式需要重复应用多次。先选择源格式文本或段落，双击"开始"→"剪贴板"→"格式刷"命令，依次拖动鼠标选择不同的目标文本，即可完成多次的格式复制。

5）选择性粘贴。复制好文本或对象后，将鼠标指针移至目标位置，单击"开始"→"剪贴板"→"粘贴"下拉按钮。在下拉列表中选择"选择性粘贴"命令，在弹出的对话框中选择需要粘贴的形式，再单击"确定"按钮，如图 1.1.11 所示。

图 1.1.11　"选择性粘贴"对话框

（5）查找和替换。

1）查找文本。单击"开始"→"编辑"→"查找"命令，打开"导航"任务窗格，在"搜索文档"文本框中输入要查找的文本。

2）替换文本。单击"开始"→"编辑"→"替换"命令，在"查找和替换"对话框中选择"替换"选项卡，分别输入查找和替换的文本，单击"替换"或"全部替换"按钮进行替换。

3）高级替换。在"查找和替换"对话框的"替换"选项卡中分别输入查找和替换的文本。单击"更多"按钮，将光标定位在"替换"文本框内，然后单击"格式"或"特殊格式"按钮，设置替换后的文本格式或段落格式，单击"替换"或"全部替换"按钮进行替换，如图 1.1.12 所示。

（6）检查拼写和语法。

开启文档的拼写和语法功能后，系统将自动在它认为有错误的字词下面添加波浪线。出现拼写错误时标记红色波浪线，出现语法错误时标记绿色波浪线。

开启拼写和语法检查功能的操作如下：首先单击"文件"→"选项"命令，选择"Word选项"对话框中的"校对"命令，勾选"键入时检查拼写"和"键入时标记语法错误"复选项，如图 1.1.13 所示；然后单击"审阅"→"拼写和语法"按钮，在"拼写和语法"对话框中根据情况进行忽略或改正操作。

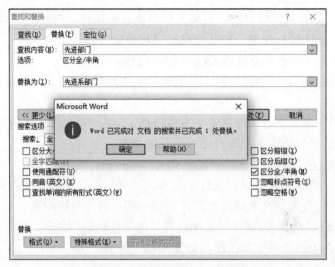

图 1.1.12　高级查找和替换

图 1.1.13　启动拼写和语法检查

（7）保存文档。

单击"文件"→"另存为"命令，在弹出的对话框中选择保存的路径、输入文件名和文件类型，如图 1.1.14 所示。

（8）打印文档。

单击"文件"→"打印"命令，在窗口右侧窗格中可以预览文档的打印效果，可以选择打印机类型，设置打印份数、打印文档页数、单面或双面打印等，最后单击"打印"按钮即可打印文档，如图 1.1.15 所示。

图 1.1.14　"另存为"对话框

图 1.1.15　打印文档

2. 格式化文档

文本格式设置主要包括字体、字形、字号、颜色、下划线、着重号、文字效果等。

（1）选择要设置的文本。

（2）单击"开始"→"字体"功能组右下角的小图标按钮，弹出"字体"对话框，如图 1.1.16 所示，可设置字体、字形、字号、颜色、下划线、着重号、文字效果等。

（3）在对话框中选择"高级"选项卡，可以设置字符间距、OpenType 功能等。勾选"为字体调整字间距"复选框用于调整文本和字母组合间的距离；勾选"如果定义了文档网格，则对齐到网格"复选框，自动设置每行字符数，与页面设置中设置的字数一致，如图 1.1.17 所示。

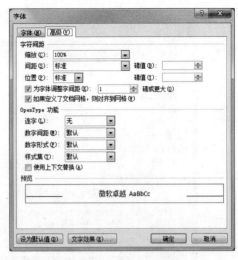

图 1.1.16　"字体"对话框　　　　　图 1.1.17　设置字符间距

3. 格式化段落

段落格式设置主要包括段落缩进、对齐方式、间距等。

（1）设置段落对齐。

段落对齐是指段落文本边缘的对齐方式，对齐方式包括两端对齐、居中对齐、左对齐、右对齐和分散对齐 5 种，默认为两端对齐。

设置段落对齐方式，可以通过单击"开始"→"段落"功能组中相应的命令按钮来实现，如图 1.1.18 所示。

图 1.1.18　设置段落对齐

（2）设置段落缩进。

段落缩进是指段落中的文本与页边距之间的距离，缩进方式包括左缩进、右缩进、悬挂缩进和首行缩进。

设置段落缩进方式的方法如下：

1）使用"页面布局"选项卡。单击"页面布局"→"段落"功能组中的"缩进"按钮，如图 1.1.19 所示。

图 1.1.19　使用"页面布局"选项卡设置段落格式

2）使用"段落"对话框。单击"开始"→"段落"功能组右下角的小图标按钮，打开"段落"对话框，在"段落和间距"选项卡中设置。

（3）设置段落间距。

行间距是指段落中各行文本之间的垂直距离；段落间距是指段前段后距离的大小。

单击"开始"→"段落"功能组右下角的小图标按钮，打开"段落"对话框，在"段落和间距"选项卡中设置段前、段后、行间距。

4. 布局页面

页面布局是版面设计的重要组成部分，它反映的是文档中的基本格式设置，包括页面设置、页面背景等多个功能组，组中列出了页边距、纸张方向、纸张大小、页面颜色、边框等。

（1）选取纸张。

1）设置"纸张选取"。在"页面设置"功能组中单击"纸张方向"和"纸张大小"可直接进行设置。若文档未分节，该操作应用于整篇文档；若文档已分节，该操作默认应用于光标所在节。

纸张方向：可将文档设为横向或纵向。

纸张大小：可按照 A 系列、B 系列、K 系列、信封、明信片等设置纸张大小。

2）"纸张大小"高级设置。单击"纸张大小"按钮下拉列表中的"其他页面大小"或"页面设置"功能组右下角的小图标按钮，可以打开"页面设置"对话框的"纸张"选项卡，对纸张进行高级设置，如图 1.1.20 所示。

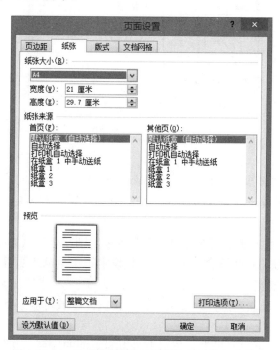

图 1.1.20 "页面设置"对话框的"纸张"选项卡

3）应用于"本节"。"节"是贯穿 Word 高级应用的重要概念，通常用分节符表示。在插入分节符将文档分节后，选择"将页面设置的操作应用于本节"，则可在指定的节内改变格式。在"页面设置"对话框的各个选项卡（包括纸张、页边距、版式和文档网格）设置中，都可以将操作应用于本节。

在"页面设置"对话框的"页边距"选项卡中，"应用于"下拉列表中的"所选文字""所选节""整篇文档"选项可设置不同的页面参数。

（2）设置页边距。

页边距是页面周围的空白区域。设置页边距能够控制文本的宽度和长度，如果文档需要装订，还可以设置装订线与边界的距离。

1）直接单击"页面设置"功能组中的"页边距"下拉按钮进行设置。

2）单击"页边距"下拉列表底部的"自定义边距"或"页面设置"右下角的小图标按钮，打开"页面设置"对话框的"页边距"选项卡，对页边距进行设置，如图 1.1.21 所示。

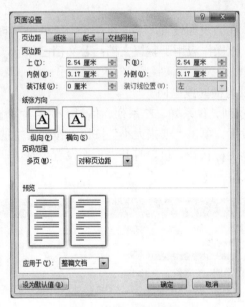

图 1.1.21　设置页边距

（3）设置多页。

在"页码范围"的"多页"下拉列表中，Word 2010 为排版中的不同情况提供了普通、对称页边距、拼页、书籍折页、反向书籍折页 5 种多页面设置方式，便于书籍、杂志、试卷、折页的排版。

1）书籍杂志页面设置：选取"对称页边距"选项，则左、右页边距标记会修改为"内侧""外侧"边距，同时"预览"区域会显示双面，且设定第 1 页从右页开始。从预览图中可以看出左右两页都是内侧比较宽。

2）试卷页面设置：选取"拼页"选项，在"预览"区域可观察到单页被分成两页。

（4）设置页面背景。

在"页面布局"→"页面背景"功能组中可以对页面的颜色、边框和水印进行设置。

1）水印：在页面内容后插入虚影文字，一般用于一些特殊文档，如"机密""严禁复制"等。Word 2010 提供了多种样式可供选择，也可自定水印，自行设置图片或文字水印。

2）页面颜色：可设置文档页面的背景色。

3）页面边框：在制作邀请函等文档时，可使用页面边框。

操作步骤如下：

A. 单击"页面边框"按钮，弹出"边框和底纹"对话框，可选择边框的样式、颜色、宽度和艺术型。

B. 在"边框与底纹"对话框右侧，同样有"应用于"下拉列表，可选择将边框应用于整篇文档、本节、节中的首页或是节中除首页外的所有页。

C. 单击"页面设置"功能组右下角的小图标按钮，在"页面设置"对话框的"版式"选项卡中单击"边框"按钮，同样可以设置页面边框。

（5）设置文档网格。

有些文档要求每页包含固定的行数及每行包含固定的字数，可在"文档网格"选项卡中对页面中的行和字符进行进一步设置。

1）单击"页面设置"功能组右下角的小图标按钮，打开"页面设置"对话框，选择"文档网格"选项卡，如图 1.1.22 所示。

2）在"网格"区域可选择"无网格""只指定行网格""指定行和字符网格""文字对齐字符网格"。

3）若在"网格"区域选择了"指定行和字符网格"单选项，则可以设置每行的字符数、字符的跨度、每页的行数、行的跨度。字符与行的跨度将根据每页每行的字符数自动调整。

4）在"文档网格"选项卡的下方有两个按钮，分别是"绘图网格"和"字体设置"。通过"字体设置"按钮可以预设或设置文档中的字体。"绘图网格"功能也较为实用，单击"绘图网格"按钮后，可在如图 1.1.23 所示的对话框中设置相应选项。

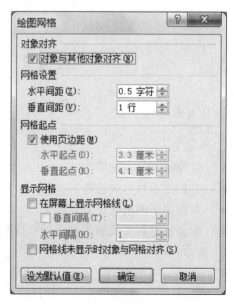

图 1.1.22　"文档网格"选项卡　　　　图 1.1.23　"绘图网格"对话框

巩固提高

×××集团公司发布的《关于开展 2018 年节能宣传周活动的通知》的公文如图 1.1.24 所示。请根据本任务中的公文制作方法制作该公文文档，文件名为"活动通知"。

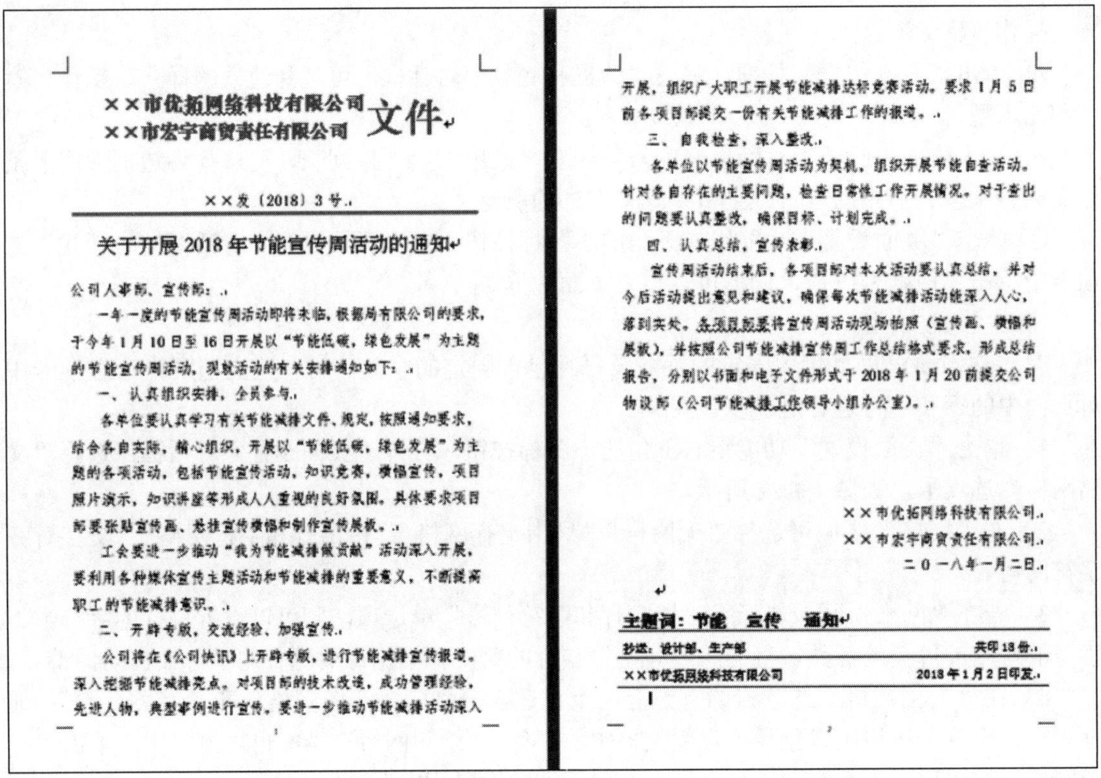

××市优拓网络科技有限公司
××市宏宇商贸责任有限公司 文件

××发〔2018〕3 号

关于开展 2018 年节能宣传周活动的通知

公司人事部、宣传部：

一年一度的节能宣传周活动即将来临，根据局有限公司的要求，于今年 1 月 10 日至 16 日开展以“节能低碳，绿色发展”为主题的节能宣传周活动，现就活动的有关安排通知如下：

一、认真组织安排，全员参与

各单位要认真学习有关节能减排文件、规定，按照通知要求，结合各自实际，精心组织，开展以“节能低碳，绿色发展”为主题的各项活动，包括节能宣传活动，知识竞赛，横幅宣传，项目照片演示，知识讲座等形成人人重视的良好氛围。具体要求项目部要张贴宣传画、悬挂宣传横幅和制作宣传展板。

工会要进一步推动“我为节能减排做贡献”活动深入开展，要利用各种媒体宣传主题活动和节能减排的重要意义，不断提高职工的节能减排意识。

二、开辟专版，交流经验、加强宣传

公司将在《公司快讯》上开辟专版，进行节能减排宣传报道。深入挖掘节能减排亮点，对项目部的技术改造，成功管理经验，先进人物，典型事例进行宣传。要进一步推动节能减排活动深入开展，组织广大职工开展节能减排达标竞赛活动。要求 1 月 5 日前各项目部提交一份有关节能减排工作的报道。

三、自我检查，深入整改

各单位以节能宣传周活动为契机，组织开展节能自查活动。针对各自存在的主要问题，检查日常性工作开展情况。对于查出的问题要认真整改，确保目标、计划完成。

四、认真总结，宣传表彰

宣传周活动结束后，各项目部对本次活动要认真总结，并对今后活动提出意见和建议，确保每次节能减排活动能深入人心，落到实处。各项目部要将宣传周活动现场拍照（宣传画、横幅和展板），并按照公司节能减排宣传周工作总结格式要求，形成总结报告，分别以书面和电子文件形式于 2018 年 1 月 20 前提交公司物设部（公司节能减排工作领导小组办公室）。

××市优拓网络科技有限公司
××市宏宇商贸责任有限公司
二〇一八年一月二日

主题词：节能　宣传　通知

抄送：设计部、生产部	共印 18 份
××市优拓网络科技有限公司	2018 年 1 月 2 日印发

图 1.1.24　练习样图

任务 2　制作个人名片

学习目标

1. 知识目标

- 掌握绘制文本框的方法
- 掌握文本框格式设置的方法
- 掌握图形的格式设置及组合
- 学会根据需要调整图形，美化排版效果

2. 能力目标

- 能够运用 Word 相关知识和技能制作名片
- 能够运用 Word 相关知识和技能美化文档的排版效果

任务描述

郑某某是郑州某公司的副总经理，由于工作能力强、办事认真负责、业绩非常好，今年晋升为公司总经理。因此，他急需制作一张新名片待用。在郑总经理的名片上要求印有公司地址、姓名、职务、手机、邮箱、传真等信息，制作完成后的效果如图 1.2.1 所示。

图 1.2.1　名片效果

任务实现

1. 插入图片，设置版式，添加个人信息

（1）按住 Ctrl+N 组合键新建一个 Word 文档，单击"插入"→"插图"→"图片"命令，找到图片所在位置，插入图片。在图片上右击，在弹出的快捷菜单中选择"大小和位置"选项，弹出"布局"对话框，在"环绕方式"选项组中选择"上下型"图标，如图 1.2.2 所示。

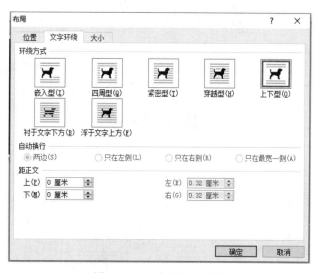

图 1.2.2　"布局"对话框

（2）单击"页面布局"→"页面设置"右下角的小图标按钮，在弹出的"页面设置"对话框中设置纸张大小为自定义：宽度为 8.8 厘米，高度为 5.5 厘米。

（3）单击"插入"→"文本"→"艺术字"命令，选择艺术字类型，输入姓名"郑某某"，调整字体为"黑体"、字号为"小四"，再选择合适的艺术字样式。在姓名后面插入一个竖线，后面再插入文本框并输入职位"总经理"。

（4）在名片的右下角插入一个文本框，输入手机、传真、邮箱、公司地址等信息，调整合适的字体、字号及文字颜色，并调整行间距，如图 1.2.3 所示。

图 1.2.3　单张名片样式

（5）单击"文件"→"保存"命令，命名为"单张名片"，返回 Word 界面。

2．制作多张对齐分布的相同名片

（1）为了节省纸张，我们可以在一页纸内放置多张名片。新建一个 Word 文档，单击"页面布局"→"页面设置"右下角的小图标按钮，弹出"页面设置"对话框，在"纸张"选项卡中设置纸张大小为自定义：宽度为 19.5 厘米，高度为 29.7 厘米。

（2）单击"邮件"→"创建"→"标签"命令，在弹出的"信封和标签"对话框中选择"全页为相同标签"单选项，如图 1.2.4 所示。单击"选项"按钮，弹出"标签选项"对话框，在"标签信息"中的"标签供应商"下拉列表框中选择 Avery A4/A5 选项，在"产品编号"列表框中选择 L7413 选项，如图 1.2.5 所示。单击"确定"按钮。

图 1.2.4　"信封和标签"对话框

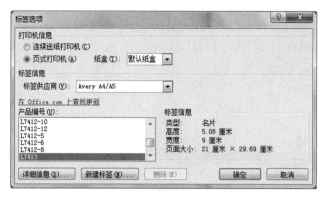

图 1.2.5 "标签选项"对话框

（3）在"信封和标签"对话框中单击"新建文档"按钮，出现一个新的 Word 文档，并在文档中出现了 10 个相同大小的框，如图 1.2.6 所示。

图 1.2.6 插入 10 个相同大小的框

（4）将光标放置在第 1 个标签上，单击"插入"→"文本"→"对象"命令，弹出"对象"对话框。选择"由文件创建"选项卡，单击"浏览"按钮，选择刚制作好的"单张名片.docx"，如图 1.2.7 所示。单击"确定"按钮，将该名片文件作为一个对象插入第 1 个标签中。

（5）选择刚插入的名片图片，按 Ctrl+C 组合键复制，再依次将图片内容复制到其余 9 个标签中，保存该文档，将文件命名为"多张名片.docx"，即可打印成名片，效果如图 1.2.8 所示。

提示：要制作多张相同的名片，也可以将第 1 张名片复制后进行多次粘贴，从而得到多张名片。方法是：选中名片并按 Ctrl+C 组合键，在文档空白处右击并选择"保留源格式"选项，可得到另一张名片。

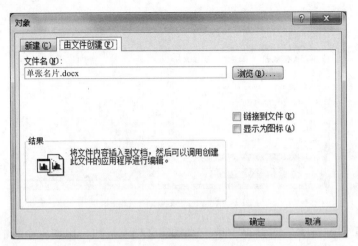

图 1.2.7　"对象"对话框

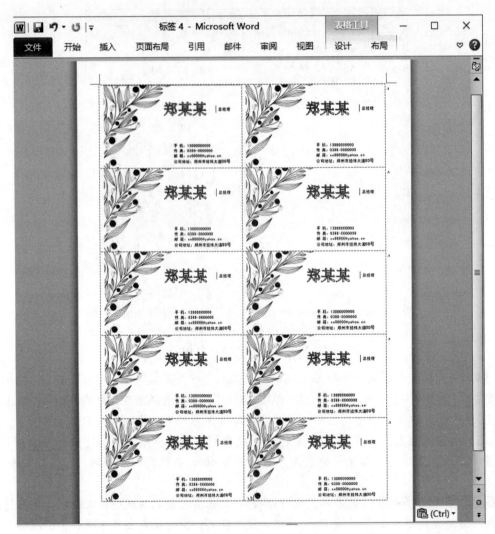

图 1.2.8　多张名片效果

知识拓展

1. 插入图片、剪贴画

（1）插入并编辑图片。

1）将光标定位在要插入图片的位置。

2）单击"插入"→"插图"→"图片"命令。

3）在弹出的"插入图片"对话框中选择要插入的图片文件，单击"插入"按钮，即可将图片插入到文档中。

（2）设置图片格式。

1）设置图片的大小和位置。设置方法如下：

A. 在图片上右击，在弹出的快捷菜单中选择"大小和位置"命令，弹出"布局"对话框，在该对话框中可设置图片的大小、文字环绕和图片的位置，如图1.2.9所示。

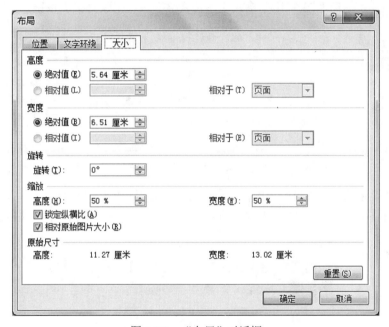

图 1.2.9　"布局"对话框

B. 选择图片，单击"图片工具/格式"→"大小"功能组右下角的小图标按钮，也可打开"布局"对话框，对图片大小及位置进行设置。

2）选择图片样式。单击"图片工具/格式"→"图片样式"功能组，打开"图片样式库"，可以选择合适的样式设置图片格式。

3）图片样式设置。在"图片样式"功能组中可设置图片边框、图片效果和图片版式。

● 图片边框：可以添加图片的边框、设置边框的线型和颜色。

● 图片效果：可以给图片添加阴影效果、旋转等。

● 图片版式：可以给图片设置不同的版式等。

4）设置文本的环绕方式。

插入图片的文字环绕方式决定了图片和文本之间的位置关系、叠放次序和组织形式，Word

中提供了多种不同的文字环绕方式来插入图片。

A. 选择图片，单击"图片工具/格式"→"排列"→"自动换行"按钮，在下拉列表中选择文本环绕方式。

B. 可在"自动换行"下拉列表中选择"其他布局选项"选项，打开"布局"对话框，在"文字环绕"选项卡中进行设置。

5）图片裁剪。

A. 选择图片，单击"图片工具/格式"→"大小"→"裁剪"按钮。

B. 在图片周围按住裁剪控制柄并拖动鼠标，裁剪合适区域。

（3）插入剪贴画。

将光标定位在要插入的位置，单击"插入"→"插图"→"剪贴画"命令，打开"剪贴画"任务窗格，设定好搜索范围和文件类型，搜索符合条件的剪贴画并插入到文档中。

（4）删除图片背景。

1）选择图片，单击"图片工具/格式"→"调整"→"删除背景"按钮，如图 1.2.10 所示。

图 1.2.10 "删除背景"按钮

2）在图片上拖动矩形边框四周的控制点，设定需要保留的图片区域。

3）设定好图片区域后，单击"背景消除"→"关闭"→"保留更改"按钮，如图 1.2.11 所示。

图 1.2.11 "保留更改"按钮

2. 插入文本框

文本框在 Word 中指一种可移动、可调大小的文字或图形容器；在 PowerPoint 中是已经存在的工具，可以直接在文本框内编辑文字。文本框包括横排和竖排两种。

（1）插入文本框。单击"插入"→"文本"→"文本框"命令，下拉列表如 1.2.12 所示，选择其中一个内置样式，即可在文档中插入一个文本框。

（2）新插入的文本框处于编辑状态，可在其中输入内容，如图 1.2.13 所示。

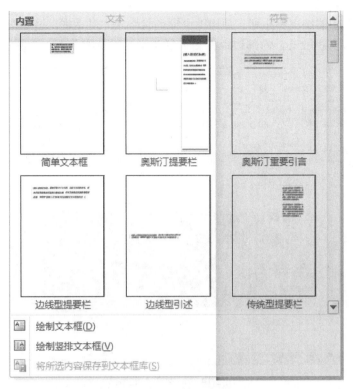

图 1.2.12　内置的文本框样式

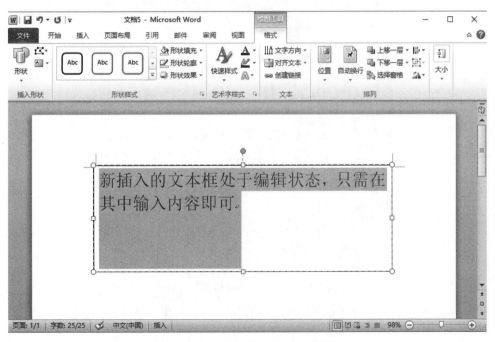

图 1.2.13　处于编辑状态的文本框

（3）设置文本框样式。选择文本框，单击功能区的"格式"选项卡，在"形状样式"功能组中可以设置形状样式、形状填充、形状轮廓、形状效果等，如图 1.2.14 所示。单击"形状样式"功能组右下角的小图标按钮，弹出"设置形状格式"对话框，选择左边导航栏的"文本框"选项，可设置文字版式、内部边距、文字自动换行等，如图 1.2.15 所示。

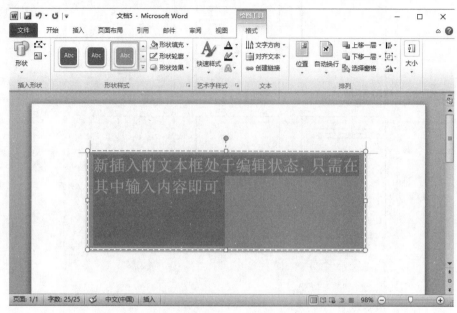

图 1.2.14　设置文本框格式

图 1.2.15　"设置形状格式"对话框

（4）设置文本框内文字的格式。选择"开始"→"字体"功能组，设置文本格式。

3. 制作信封

在 Word 2010 中创建中文信封的操作步骤如下：

（1）单击"邮件"→"创建"→"中文信封"命令，打开"信封制作向导"对话框，开始创建信封，如图 1.2.16 所示。

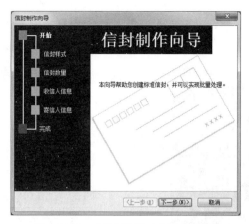

图 1.2.16 "信封制作向导"对话框

（2）单击"下一步"按钮，设置"信封样式"为"国内信封-B6（176×125）"，其他选项设为默认，如图 1.2.17 所示。

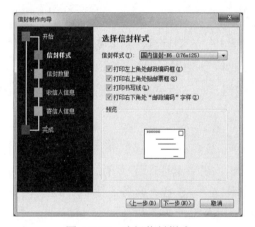

图 1.2.17 选择信封样式

（3）单击"下一步"按钮，选择"基于地址簿文件，生成批量信封"单选项，如图 1.2.18 所示。

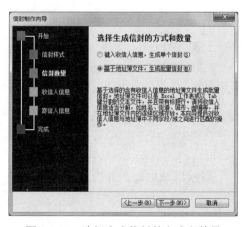

图 1.2.18 选择生成信封的方式和数量

（4）单击"下一步"按钮，从文件中获取收件人信息，单击"选择地址簿"按钮，获取收件人信息的地址簿（Excel 文件）并匹配收件人信息，如图 1.2.19 所示。

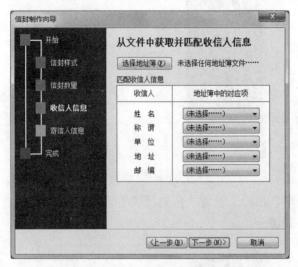

图 1.2.19　从文件中获取地址簿并匹配收件人信息

（5）单击"下一步"按钮，在信封制作向导中输入寄件人信息。

（6）单击"下一步"按钮，单击"完成"按钮，生成多个标准的信封。

巩固提高

张某刚刚找到一份新工作，在瑞泰地产当营销经理。现急需为自己重新制作一张双面名片，要求包含公司名称（中英文）、姓名、职务、手机、地址、电话等信息资料，效果如图 1.2.20 所示。

图 1.2.20　企业名片正反面效果

任务 3　批量制作证书

学习目标

1. 知识目标
- 理解邮件合并的思想
- 掌握插入和更改艺术字的方法
- 熟悉邮件合并的应用场合及具体的操作步骤
2. 能力目标
- 能够根据应用的需要在 Word 文档中插入艺术字
- 能够运用邮件合并功能批量制作邀请函、荣誉证书、成绩单等

任务描述

邀请函的主体内容符合邀请函的一般结构，由标题、称谓、正文、落款组成。上海某软件公司将在 2018 年 12 月 30 日于君豪大酒店多功能厅举办 2018 年公司年会，需要制作一些邀请函发送给客户，邀请他们来参加年会。邀请函制作完成后的效果如图 1.3.1 所示。

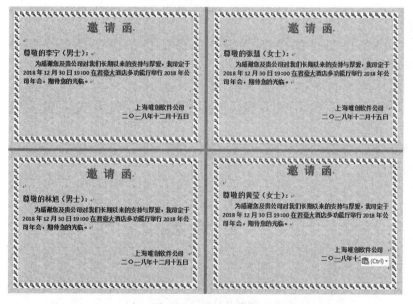

图 1.3.1　邀请函效果

任务实现

1. 创建主文档

（1）设置页面尺寸。

打开一个空白的 Word 文档作为主文档，单击"页面布局"→"页面设置"右下角的小图标按钮，弹出"页面设置"对话框，如图 1.3.2 所示。将"页边距"区域的上、下、左、右页

边距均设置为 2 厘米，纸张方向为"横向"；在"纸张"选项卡中设置纸张大小为 B5；在"版式"选项卡中设置页面垂直对齐方式为"居中"。

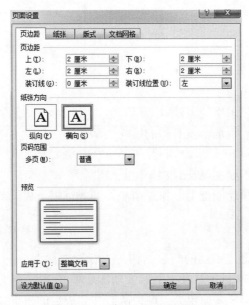

图 1.3.2   "页面设置"对话框

（2）输入并设置邀请函内容。

1）选择"页面布局"→"页面背景"→"页面颜色"下拉按钮，选择"填充效果"选项，在"纹理"选项中设置"花束"填充效果。

2）单击"页面边框"按钮，设置"艺术型"页面边框。

3）单击"插入"→"艺术字"命令，选择合适的"艺术字样式"，输入"邀请函"并设置其字体、字号及位置。

4）输入邀请函的称谓、主体、落款等信息，设置字体、字号及位置。

最终效果如图 1.3.3 所示。

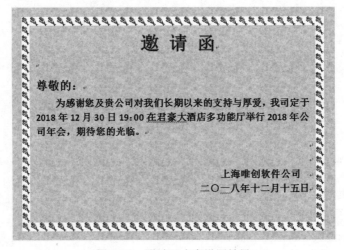

图 1.3.3   邀请函内容设置效果

2. 将数据源合并到邀请函中

（1）创建数据源（收件人列表）。

在本例中，公司的客户名单全部保存在名为"邀请函联系人"Excel 工作表中，如图 1.3.4 所示。

图 1.3.4　邀请函联系人表

（2）合并数据（使用域）。

1）单击"邮件"→"开始邮件合并"下拉按钮，选择"邮件合并分步向导"命令，弹出"邮件合并"任务窗格，如图 1.3.5 所示。

2）在"选择文档类型"栏中选择"信函"单选项，然后单击"下一步：正在启动文档"按钮。

3）在"选择开始文档"栏中选择"使用当前文档"单选项，然后单击"下一步：选取收件人"按钮。

4）在"选择收件人"栏中选择"使用现有列表"单选项，单击"浏览"按钮，如图 1.3.6 所示。在弹出的"选取数据源"对话框中选择已有的"邀请函联系人.xlsx"文件，然后单击"打开"按钮，弹出如图 1.3.7 所示的"选择表格"对话框，其中显示了该 Excel 工作簿中包含的 3 个工作表，选择 Sheet1$，单击"确定"按钮。

图 1.3.5　"邮件合并"任务窗格

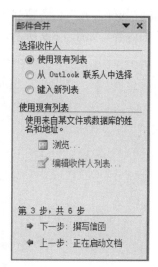

图 1.3.6　选择收件人

图 1.3.7 "选择表格"对话框

5）弹出"邮件合并收件人"对话框，如图 1.3.8 所示。这里列出了邮件合并的数据源中的所有数据，可以通过该对话框对数据进行修改、排序、选择和删除等操作，单击"确定"按钮，将所选的数据源与邀请函建立连接。

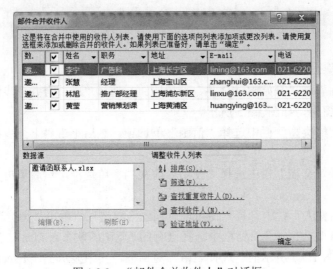

图 1.3.8 "邮件合并收件人"对话框

6）单击"邮件合并"任务窗格下方的"下一步：撰写信函"按钮，任务窗格中显示"撰写信函"相关内容，如图 1.3.9 所示。

图 1.3.9 撰写信函

7）将光标定位至"尊敬的"文本和冒号"："之间，单击"邮件"→"编写和插入域"→"插入合并域"→"姓名"命令，如图 1.3.10 所示。

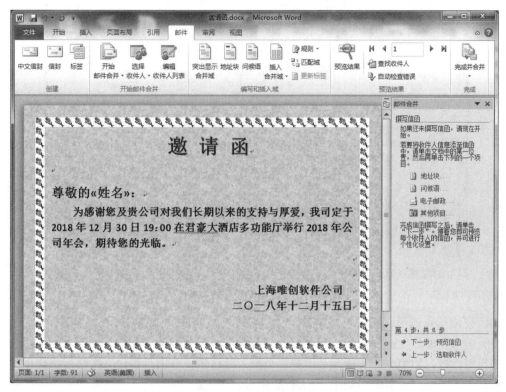

图 1.3.10　插入"姓名"域后的文档窗口

8）单击"邮件"→"编写和插入域"→"规则"→"如果…那么…否则"命令，弹出"插入 Word 域:IF"对话框，设置插入规则，如图 1.3.11 所示，单击"确定"按钮。

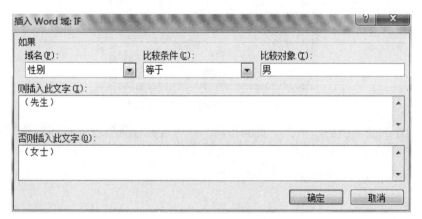

图 1.3.11　设置插入规则

9）单击"邮件合并"任务窗格下方的"预览信函"按钮，此时将显示合并后的第一位收件人的文档效果，如图 1.3.12 所示。可以通过单击"预览结果"功能组中的左右箭头或者单击"邮件合并"任务窗格中"预览信函"的左右箭头切换浏览不同收件人的信函。

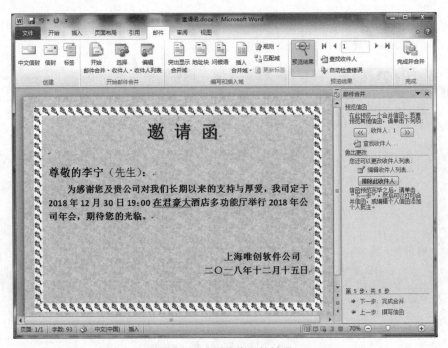

图 1.3.12　预览信函的效果

10）完成预览后单击任务窗格中的"下一步：完成合并"按钮。

11）单击"邮件"→"完成"→"完成并合并"→"编辑单个文档"命令，弹出"合并到新文档"对话框，如图 1.3.13 所示。选择"全部"单选项，单击"确定"按钮后将会创建一个新的文档，该文档包含多份自动生成的邀请函，每一份邀请函对应 Excel 工作表中的一条客户记录。

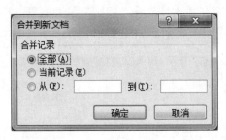

图 1.3.13　"合并到新文档"对话框

12）在创建的新文档中，单击"页面布局"→"页面背景"→"页面颜色"→"填充效果"命令，在"纹理"选项中设置"花束"填充效果。

13）保存该文档，文件名为"邀请函.docx"。

知识拓展

1. 插入艺术字

艺术字是经过专业字体设计师艺术加工的变形字体，字体特点符合文字含义，具有美观有趣、易认易识、醒目张扬等特性，是一种有图案意味或装饰意味的字体变形。在 Word 中使用艺术字能够增加美术效果，美化版面。

（1）插入艺术字。

1）单击文件中需要插入艺术字的位置。

2）单击"插入"→"文本"→"艺术字"下拉按钮，在下拉列表中选择任意一个艺术字样式，如图 1.3.14 所示，然后在插入的编辑框中输入文字。

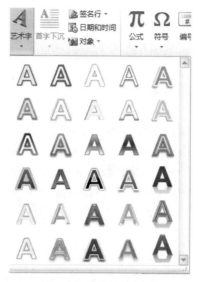

图 1.3.14　艺术字样式

（2）编辑艺术字。

1）选择要编辑的艺术字。

2）在"绘图工具"下的"格式"选项卡中可以设置"形状样式""艺术字样式"和"文本"等。其中"形状样式"可设置"形状填充""形状轮廓"和"形状效果"；"艺术字样式"中可设置"文本填充""文本轮廓"和"文本效果"；"文本"中可设置"文字方向""对齐文本"和"创建链接"。

2. 邮件合并

（1）邮件合并的概念。

在 Office 中先建立两个文档：一个 Word 文档（包括所有文件共有内容的主文档，如未填写的邀请函等）和一个 Excel 文档（包括变化信息的数据源，如填写的邀请人姓名、称谓等），然后使用邮件合并功能在主文档中插入变化的信息,合成后的文件用户可以保存为 Word 文档,可以打印出来，也可以邮件形式发送出去。

（2）邮件合并应用领域。

- 批量打印信封：按统一的格式，将电子表格中的邮编、收件人地址和收件人姓名打印出来。

- 批量打印信件：主要是从电子表格中调用收件人姓名，换一下称谓，信件内容基本固定不变。

- 批量打印请柬：同上。

- 批量打印工资条：从电子表格中调用数据。

- 批量打印个人简历：从电子表格中调用不同的字段数据，每人一页，对应不同信息。

- 批量打印学生成绩单：从电子表格成绩中获取个人信息，并设置评语字段，编写不同评语。
- 批量打印各类获奖证书：在电子表格中设置姓名、获奖名称和等级，在 Word 中设置打印格式，可以打印众多证书。
- 批量打印准考证、明信片、信封等个人报表。

总之，只要有数据源（电子表格、数据库等），而且是一个标准的二维数据表，就可以很方便地按一个记录一页的方式从 Word 中用邮件合并功能打印出来。

（3）邮件合并的基本过程。

1）建立主文档。主文档就是固定不变的主体内容，比如信封中的落款、信函中对每个收信人都不变的内容等。

2）准备好数据源。数据源就是含有标题行的数据记录表，其中包含相关的字段和记录内容。数据源表格可以是 Word、Excel、Access 或 Outlook 中的联系人记录表。

3）邮件合并。单击"邮件"→"开始邮件合并"→"邮件合并分步向导"命令，根据"邮件合并"向导选择数据源，插入合并域，再进行邮件合并即可。

（4）邮件合并的使用技巧。

1）用一页纸打印多个邮件。

A. 首先将数据和文档合并到新建文档，再把新建文档中的分节符（^b）全部替换成换行符（^1）（注意此处是小写英语字母 1，不是数字 1）。具体操作如图 1.3.15 所示，单击"全部替换"按钮，即可在一页纸上打印出多个邮件。

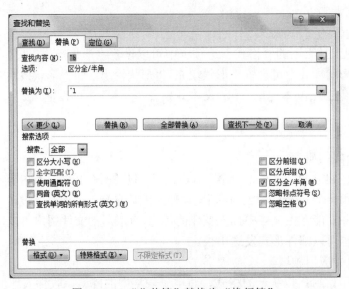

图 1.3.15　"分节符"替换为"换行符"

B. 在"主文档"中，在同一页上复制多个模板，每个模板空一行，将光标定位在两个记录之间的空行上，插入域"下一记录"，处理完一页再合并到新文档，如图 1.3.16 所示。

C. 合并到新文档后，单击"页面布局"→"页面设置"功能组右下角的小图标按钮，在"页面设置"对话框"版式"选项卡中的"节的位置起始"下拉列表框中选择"接续本页"选项，在"应用于"下拉列表框中选择"整篇文档"选项，单击"确定"按钮，如图 1.3.17 所示。

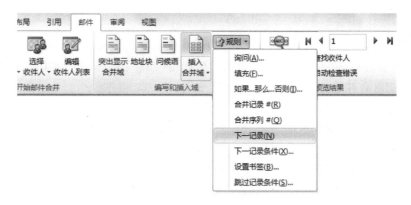

图 1.3.16　插入域"下一记录"

图 1.3.17　设置节的起始位置为"接续本页"

2）一次合并出内容不同的邮件。

单击"邮件"→"编写和插入域"功能组中的"规则"按钮，在下拉列表中选择"如果…那么…否则"命令，插入 Word 域，在弹出的对话框中输入文本，单击"确定"按钮，如图 1.3.18所示。

图 1.3.18　插入 Word 域

巩固提高

（1）康达食品有限公司计划给各卖场的牛奶供应联系人发一封邮件以宣传新的供货渠道，要求使用邮件合并的方式快速生成供货通知函。

请按如下要求完成如图 1.3.19 所示的供货通知函的制作：

1）输入文字并调整文档版面，要求页面高度为 18 厘米、宽度为 13 厘米，页边距（上、下、左、右）为 2 厘米。

2）选择合适的图片，设置为供货通知函背景。

3）根据供货通知函参考样式图片调整供货通知函中文字的字体、字号和颜色。

4）调整供货通知函中文字段落的对齐方式。

5）根据页面布局需要将供货函中段落的间距改成 1.5 倍，并将图片位置设置成"浮于文字上方"。

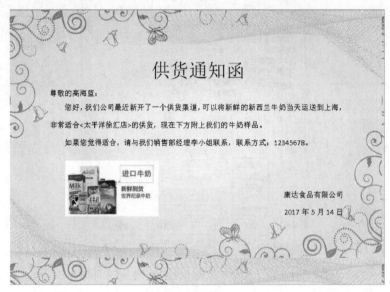

图 1.3.19　供货通知函参考样式图片

6）在"尊敬的"文字和冒号"："之间插入拟通知的客户姓名，在"< >"之间插入拟供货的商场名称；拟通知的客户姓名在"联系人.xlsx"文件中，如图 1.3.20 所示。每页供货通知函中只能包含一位客户的姓名和一个供货商场名称，所有的供货通知函页面另存到一个名为"供货通知函.docx"的文件中。

商场名称	联系人	职务	联系地址
太平洋徐汇店	高海蓝	美工课	徐汇区衡山路932号
太平洋站前店	吴先生	企划课	天目西路218号
假日百货	李曙光	策划部经理	鞍山路1号
第一八百伴	范晨晟	经理	张杨路501号6楼
华润时代广场	丁小明	推广策划部	张杨路500号

图 1.3.20　联系人表

7）供货通知函文档制作完成后请保存为"供货通知函.docx"。

（2）某公司进行了季度业绩统计，根据实施情况，公司每个季度会给员工发送一封电子邮件业绩表反馈结果，销售额在 30000 元及以上的判定为合格，销售额在 30000 元以下的判定为不合格。如果业绩合格，则在"评定结果"中显示"合格"，在"反馈意见"中显示"请认真工作以晋升岗位"；如果业绩不合格，则在"评定结果"中显示"不合格"，在"反馈意见"中显示"请尽快根据对工作问题提出的意见进行调整，并于下周二前将修改的意见交给上司"。员工的业绩单样式如图 1.3.21 所示，员工的业绩结果已记录在"业绩单.xlsx"文件的 Sheet1 工作表中，数据格式如图 1.3.22 所示。

季度销售业绩单

【姓名】，您好！
　　本季度业绩统计您的业绩为【评定结果】,【反馈意见】

上司：林某某
2017 年 9 月 13 日

图 1.3.21　业绩单样式

	A	B	C
1	姓名	销售额(元)	Email
2	张语研	35751	zhangyuyan@126.com
3	赵红蒙	45753	zhaohongmeng@126.com
4	陈亚锡	14221	chenyaxi@126.com
5	郭坤松	48643	guokunsong@126.com
6	周顺	9831	zhoushun@126.com
7	吕琥	65420	lvhu@126.com
8	王书书	30641	wangshushu@126.com
9	陈嘉	43547	chenjia@126.com
10	田归罗	42678	tianguiluo@126.com
11			

图 1.3.22　业绩单数据格式

任务 4　制作流程图

学习目标

1. 知识目标
- 掌握"形状"和"SmartArt 图形"的使用方法
- 掌握流程图的制作方法
- 掌握流程图的美化方法

2. 能力目标
● 能够熟练使用"形状"制作各种流程图
● 能够灵活使用"SmartArt 图形"制作各种图形图表

任务描述

上海某公司进行面试，李经理给办公人员小郭分配了一项任务，要求她为本次面试制作一份"××公司面试流程图"，要求清晰、美观，整体效果如图 1.4.1 所示。

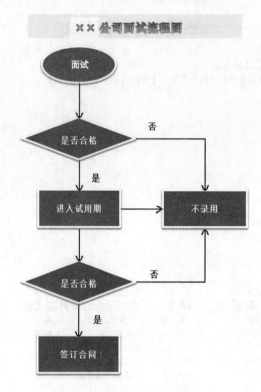

图 1.4.1　××公司面试流程图

任务实现

1. 设置面试流程图的页面尺寸

（1）新建一个空白 Word 文档，保存为"××公司面试流程图.docx"。

（2）单击"页面布局"→"页面设置"→"页边距"命令，选择下拉列表中的"自定义边距"命令，在弹出的对话框中设置上、下、左、右边距均为 1 厘米。

（3）单击"确定"按钮。

2. 制作面试流程图的标题

（1）在文档中输入标题文字"××公司面试流程图"。

（2）选择标题文本，设置字体为"华文中宋"、字号为"20 磅"，居中对齐。

（3）选择标题文本，单击"开始"→"字体"→"文本效果"命令，在文字效果库中选择合适的效果样式。

3. 绘制面试流程图主体框架

（1）将光标定位于标题文本下方，单击"插入"→"插图"→"形状"命令，在下拉列表中选择"新建绘图画布"命令，如图 1.4.2 所示。

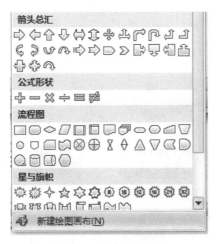

图 1.4.2　新建绘图画布

提示："绘图画布"实际上是文档中的一个特殊区域，其意义相当于一个"图形容器"。形状包含在绘图画布内，这样它们可作为一个整体移动和调整大小，还能避免文本中断或分页时出现图形异常。

（2）拖动"绘图画布"右下角控制点，将画布区域扩大到页面底部边缘。

（3）单击"插入"→"插图"→"形状"命令，选择"基本形状"→"椭圆"形状，在画面的适当位置绘制一个椭圆。

（4）在椭圆上右击，在弹出的快捷菜单中选择"添加文字"命令，输入文字"面试"。

（5）单击椭圆，再单击"绘图工具/格式"→"形状样式"→"其他"命令，在列表框中选择适当的形状样式，如图 1.4.3 所示。

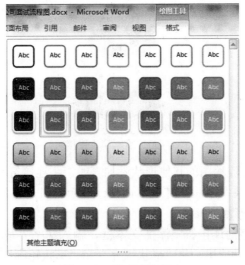

图 1.4.3　选择形状样式

（6）用同样的方法绘制其他图形，并在其中输入相应的文字和设置形状样式，完成后的效果如图 1.4.4 所示。

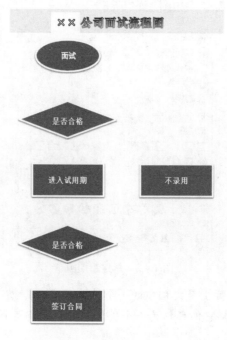

图 1.4.4　流程图主体框架

4．添加连接符

（1）单击"插入"→"插图"→"形状"命令，选择"线条"→"箭头"形状。

（2）将光标移到流程图的第一个形状上（不用选中），则该形状四周将出现 4 个红色的连接点。在其中一个连接点上单击鼠标左键，拖动箭头至流程图的第二个形状，则第二个形状也将出现红色的连接点，在其中一个连接点上释放左键，则完成流程图两个形状间的连接，如图 1.4.5 所示。

图 1.4.5　绘制箭头连接符

（3）用同样的方法为流程图的其他形状添加直线箭头连接符和折线连接符。

提示：如果需要移动某个形状，可用方向键；对于折线连接符，可利用鼠标拖动连接线上的黄色控制点来调整肘形线的幅度。

（4）在需要添加文字的连接符上添加文本框，输入文字"是"或"否"，单击"绘图工具/格式"→"形状样式"功能组，将"形状填充"和"形状轮廓"设置为"无填充颜色"，如图 1.4.6 所示。

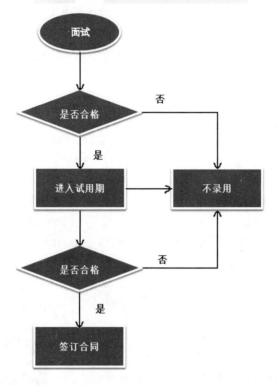

图 1.4.6　流程图的效果

知识拓展

1. 插入形状

在 Word 文档中可以插入各种类型的形状，如线条、矩形、箭头和流程图等。可以使用形状填充、形状轮廓和形状效果进行修改和增强，制作出精美的形状效果。

（1）将光标定位在需要插入形状的位置。

（2）单击"插入"→"插图"→"形状"命令，在下拉列表中选择"新建绘图画布"命令，插入绘图画布。

（3）单击"插入"→"插图"→"形状"命令，在下拉列表中选择"插入形状"命令，将鼠标移动到文档需要插入处，按住鼠标左键拖动绘制自选形状。

（4）选择绘制好的形状，单击"绘图工具/格式"选项卡，对其进行编辑修改，如图 1.4.7 所示。

图 1.4.7　"绘图工具/格式"选项卡

在"绘图工具/格式"选项卡中可以进行以下操作：

1）更改形状。选择形状，单击"插入形状"→"编辑形状"→"形状更改"命令，进行形状的更改。

2）添加形状文本。选择形状并右击，在弹出的快捷菜单中选择"添加文本"命令，然后输入文本内容。

3）组合多个形状。按住 Ctrl 键的同时依次单击需要组合的多个形状，然后单击"排列"→"组合"按钮，将多个形状组合在一起。

4）设置形状效果。单击"形状样式"→"形状效果"按钮，在下拉列表中选择合适的效果进行设置。

2. 插入 SmartArt 图形

利用 Word 2010 的 SmartArt 功能可以一键生成各种逻辑图表、图形，如常见的流程图、组织结构图等丰富多彩的图形。

（1）打开 Word 文档，单击"插入"→"插图"→SmartArt 命令，弹出"选择 SmartArt 图形"对话框，如图 1.4.8 所示。

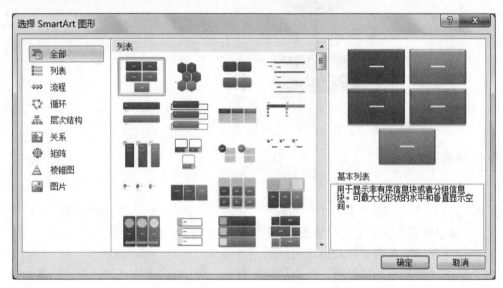

图 1.4.8　"选择 SmartArt 图形"对话框

（2）在对话框左侧的类型导航栏中选择合适的类型，在对话框右侧选择合适的 SmartArt 图形，然后单击"确定"按钮，返回文档窗口。

（3）在插入的 SmartArt 图形中单击文本占位符，输入合适的文本，如图 1.4.9 所示。

（4）选择"SmartArt 工具/设计"选项卡，可以在"创建图形"组中设置"添加形状""添加项目符号"等属性，在"布局"组中更改布局，在"SmartArt 样式"组中更改颜色和样式。

（5）设置 SmartArt 图形艺术字样式的方法。

1）双击 SmartArt 图形文本使其处于选中状态。

2）在"SmartArt 工具/格式"→"艺术字样式"组中选择样式列表中的样式进行设置。

3）如果样式列表中没有所需的样式，则可以通过"文本填充""文本轮廓"和"文本效果"按钮来自定义样式。

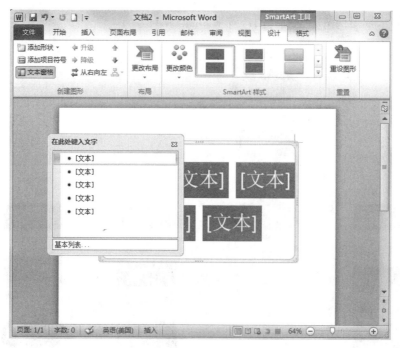

图 1.4.9　在 SmartArt 图形中输入文本

项固提高

（1）利用 SmartArt 图形制作一幅软件开发流程图，效果如图 1.4.10 所示。

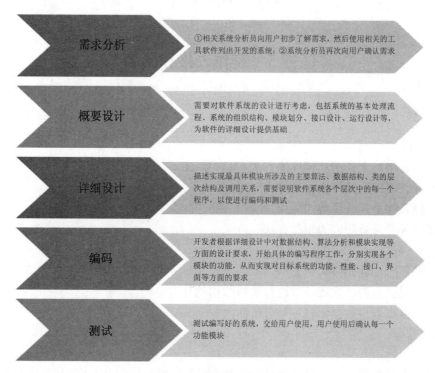

图 1.4.10　软件开发流程图

（2）绘制一幅退换货服务流程图，效果如图 1.4.11 所示。

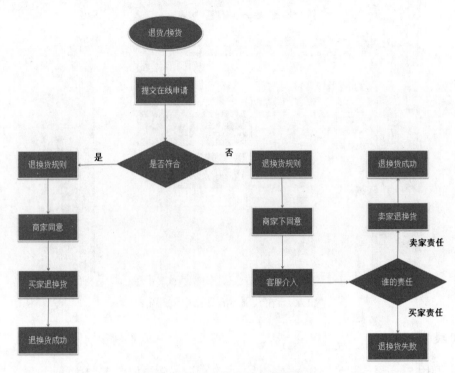

图 1.4.11　退换货服务流程图

任务 5　制作表格和图表

学习目标

1. 知识目标
- 掌握表格与文本相互转换的方法
- 掌握表格的格式化操作及样式应用
- 掌握表格公式或函数的应用
- 掌握各种分析图表的制作方法
2. 能力目标
- 能够熟练创建和格式化表格
- 能够灵活运用公式或函数进行表格数据的计算
- 能够根据表格数据创建各种分析图表

任务描述

小李是某汽车销售公司的办公文员，现需要制作一份全年四个季度的"汽车销售情况表"，并进行图表分析。用饼图对各品牌汽车一年的销售总量情况进行分析，用柱状图对各品牌汽车在各个季度的销售情况进行分析，如图 1.5.1 所示。

XX 年汽车销售量表					
品牌	第 1 季度	第 2 季度	第 3 季度	第 4 季度	品牌总销量
奥迪	300	206	450	650	1606
大众	777	234	780	756	2547
奔驰	784	320	792	783	2679
宝马	851	450	580	810	2691
季度总销量	2712	1210	2602	2999	9523

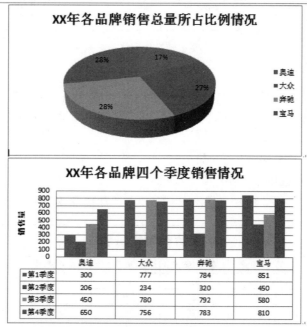

图 1.5.1　销售量情况表及图表分析

任务实现

1. 创建表格

（1）新建 Word 文档并保存，文件名为“××年汽车销售量表.docx”。

（2）在文档中输入销售情况数据，如图 1.5.2 所示，在输入数据时数据间隔用“，”，换行按 Enter 键。

XX 年汽车销售量表
品牌，第 1 季度，第 2 季度，第 3 季度，第 4 季度，品牌总销量
奥迪，300，206，450，650，
大众，777，234，780，756，
奔驰，784，320，792，783，
宝马，851，450，580，810，
季度总销量

图 1.5.2　在文档中输入销售情况数据

（3）选定全部内容。

（4）单击"插入"→"表格"→"表格"→"文本转换成表格"命令。

（5）在弹出的"将文字转换成表格"对话框中设置表格列数为 6，文字分隔位置选择"其他字符"并输入"，"，单击"确定"按钮。效果如图 1.5.3 所示。

XX 年汽车销售量表					
品牌	第 1 季度	第 2 季度	第 3 季度	第 4 季度	品牌总销量
奥迪	300	206	450	650	
大众	777	234	780	756	
奔驰	784	320	792	783	
宝马	851	450	580	810	
季度总销量					

图 1.5.3 文字转换成表格后的效果

2. 设置标题及文字格式

（1）选择第 1 行，单击"表格工具/布局"→"合并"→"合并单元格"命令，将标题行合并。

（2）选择标题文本"××年汽车销售量表"，设置字体为"华文琥珀"、字号为"小三"，段落为居中显示。

（3）选择除标题行以外的所有行（第 2～7 行），设置字体为"楷体"、字号为"小四"，设置单元格对齐方式水平和垂直均为"居中"。

（4）选择列标题行（第 2 行），设置列标题文字为"加粗"，效果如图 1.5.4 所示。

XX 年汽车销售量表					
品牌	**第 1 季度**	**第 2 季度**	**第 3 季度**	**第 4 季度**	**品牌总销量**
奥迪	300	206	450	650	
大众	777	234	780	756	
奔驰	784	320	792	783	
宝马	851	450	580	810	
季度总销量					

图 1.5.4 设置标题及文字格式后的效果

3. 设置表格样式

选择整个表格，在"表格工具/设计"→"表格样式"功能组中选择表格样式库中的一种样式快速美化表格，如"中等深浅底纹 1-强调文字颜色 1"，如图 1.5.5 所示。

XX 年汽车销售量表					
品牌	**第 1 季度**	**第 2 季度**	**第 3 季度**	**第 4 季度**	**品牌总销量**
奥迪	300	206	450	650	
大众	777	234	780	756	
奔驰	784	320	792	783	
宝马	851	450	580	810	
季度总销量					

图 1.5.5 设置表格样式后的效果

4. 设置表格的行高和列宽

（1）选择需要设置的行列（第2～7行）。

（2）右击，在弹出的快捷菜单中选择"表格属性"选项，在弹出的"表格属性"对话框中，设置行高为0.8厘米、列宽为2.6厘米，表格居中对齐，效果如图1.5.6所示。

XX 年汽车销售量表					
品牌	第1季度	第2季度	第3季度	第4季度	品牌总销量
奥迪	300	206	450	650	
大众	777	234	780	756	
奔驰	784	320	792	783	
宝马	851	450	580	810	
季度总销量					

图1.5.6 按要求设置后的效果

5. 使用公式或函数进行计算

（1）求品牌总销量。

1）将光标置于表格第3行第6列的单元格中。

2）单击"表格工具/布局"→"数据"→"f_x公式"命令，弹出"公式"对话框。

3）在"公式"对话框中，输入"公式"文本框的内容为"=SUM(LEFT)"，如图1.5.7所示，计算当前单元格左侧单元格数据之和。

图1.5.7 "公式"对话框

4）用相同的方法计算其他品牌的总销量。

提示：公式括号内的参数包括四个，分别是左侧（LEFT）、右侧（RIGHT）、上面（ABOVE）、下面（BELOW）。常用公式有求平均值函数（AVERAGE）、统计函数（COUNT）等。

（2）求季度总销量。

1）将光标置于第7行第2列的单元格中。

2）单击"表格工具/布局"→"数据"→"f_x公式"命令，弹出"公式"对话框。

3）在"公式"对话框中，输入"公式"文本框的内容为"=SUM(ABOVE)"，计算第1季度的"季度总销量"。

4）用相同的方法计算其他季度的"季度总销量"。计算结果如图1.5.8所示。

品牌	第1季度	第2季度	第3季度	第4季度	品牌总销量
奥迪	300	206	450	650	1606
大众	777	234	780	756	2547
奔驰	784	320	792	783	2679
宝马	851	450	580	810	2691
季度总销量	2712	1210	2602	2999	9523

图 1.5.8　用公式计算后的结果

6. 插入图表

（1）用饼图分析各品牌汽车一年的销售总量情况。

1）单击"插入"→"插图"→"图表"命令，在"插入图表"对话框中选择"饼图"→"三维饼图"，单击"确定"按钮，如图 1.5.9 所示。

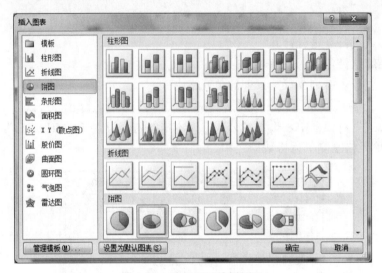

图 1.5.9　选择"三维饼图"

2）在弹出的图表的 Excel 数据窗口中输入相应的数据，如图 1.5.10 所示。

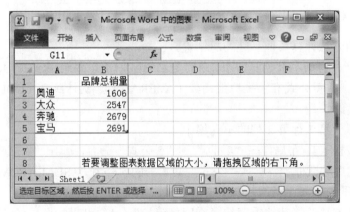

图 1.5.10　在 Excel 数据窗口中输入相应的数据

3）关闭该窗口，返回 Word 文档。

4）选择图表，在"图表工具/设计"选项卡中设置相应的图表布局和图表样式并输入图表标题，结果如图 1.5.11 所示。

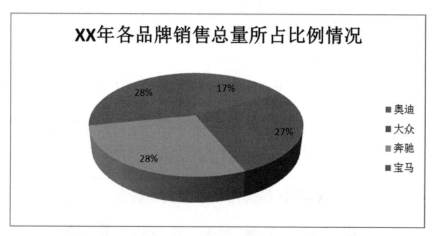

图 1.5.11　"××年各品牌销售总量所占比例情况"三维饼图

（2）用柱状图分析各品牌汽车在各个季度的销售情况。

1）单击"插入"→"插图"→"图表"命令，在"更改图表类型"对话框中选择"柱形图"→"簇状柱形图"，单击"确定"按钮，如图 1.5.12 所示。

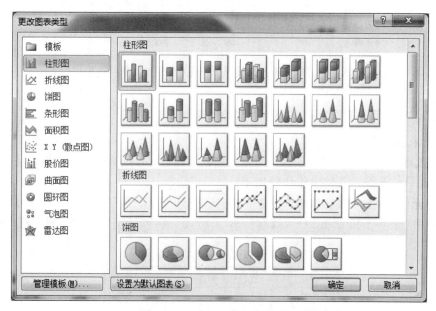

图 1.5.12　选择"簇状柱形图"

2）在弹出的图表的 Excel 数据窗口中输入相应的数据，如图 1.5.13 所示。

3）关闭该窗口，返回 Word 文档。

4）选择图表，在"图表工具/设计"选项卡中设置相应的图表布局和图表样式并输入图表标题，结果如图 1.5.14 所示。

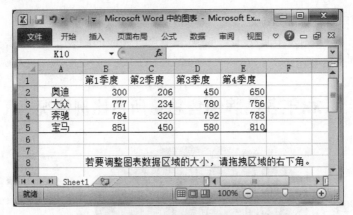

图 1.5.13 在 Excel 数据窗口中输入相应的数据

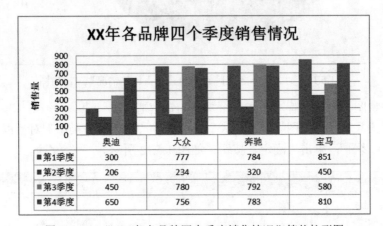

图 1.5.14 "××年各品牌四个季度销售情况"簇状柱形图

知识拓展

1. 运用表格公式

在公文处理过程中常会用到表格，还会用到数字的计算。在 Word 2010 的表格中可以利用 f_x 公式进行简单的计算，具体操作步骤如下：

（1）将光标定位到需要计算的单元格中。

（2）单击"表格工具/布局"→"数据"→"f_x 公式"命令，弹出"公式"对话框，如图 1.5.15 所示。

图 1.5.15 "公式"对话框

（3）表格计算中的公式以等号"="开始，在"粘贴函数"列表框中选择函数，被计算的数据可以直接输入，还可以通过数据所在的单元格间接引用数据。公式括号内的参数分别是左侧（LEFT）、右侧（RIGHT）、上面（ABOVE）和下面（BELOW）。常用公式有求和函数（SUM）、求平均值函数（AVERAGE）和统计函数（COUNT）等。在 Word 2010 的表格中，也可以复制粘贴函数，但是粘贴后需要按 F9 键更新数据。

2. 绘制斜线表头

在日常使用 Word 制作表格时，经常需要绘制斜线表头。在 Word 2003 等版本中有内置的斜线表头选项，而 Word 2010 没有这个选项，但可以通过边框、绘制表格和直线形状三种方法绘制斜线表头。

（1）通过边框设置：将光标定位于需要绘制斜线表头的单元格，单击"表格工具/设计"→"表格样式"→"边框"按钮，在下拉列表中选择"斜下框线"选项，如图 1.5.16 所示。

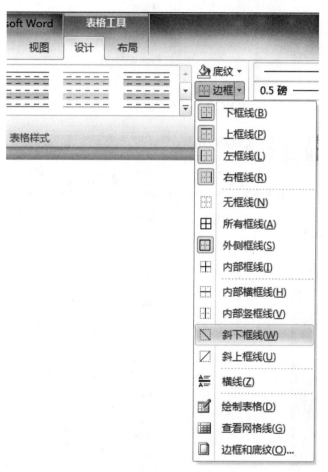

图 1.5.16 选择"斜下框线"选项

（2）通过绘制表格设置：将光标定位于需要绘制斜线表头的单元格，单击"插入"→"表格"→"表格"→"绘制表格"命令，手动绘制一条斜线表头即可，如图 1.5.17 所示。

（3）通过直线形状设置：单击"插入"→"插图"→"形状"→"直线"形状，手动绘制一条斜线表头，如图 1.5.18 所示。

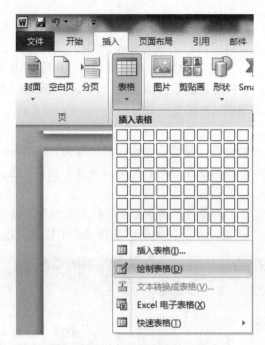

图 1.5.17 选择"绘制表格"命令

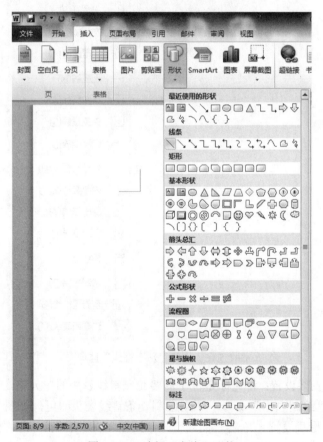

图 1.5.18 选择"直线"形状

绘制好的斜线表头如图 1.5.19 所示。

图 1.5.19　绘制好的斜线表头

巩固提高

根据如图 1.5.20 所示的表格数据制作如图 1.5.21 和图 1.5.22 所示的分析图表。

2018 年家电销售情况				
类别	第 1 季度	第 2 季度	第 3 季度	第 4 季度	类别总计
计算机	320	480	385	410	
电视	490	452	320	530	
电冰箱	289	458	365	200	
洗衣机	355	486	530	365	
季度总计					

图 1.5.20　数据表格样图

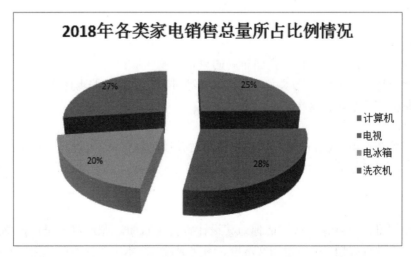

图 1.5.21　2018 年各类家电销售总量所占比例情况

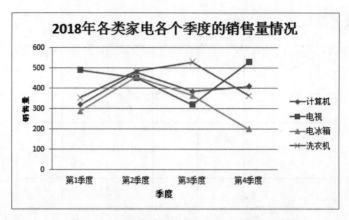

图 1.5.22　2018 年各类家电各个季度的销售量情况

操作要求如下：

（1）根据图 1.5.20 所示的表格数据在 Word 文档中输入文本内容。

（2）将文字转换成表格。

（3）合并表格标题行，调整行高和列宽，设置行高为 1 厘米、列宽为 2.5 厘米，表格居中对齐。

（4）选择标题文本，设置字体为"华文中宋"、字号为"小三"，段落为居中显示。

（5）选择除标题行以外的其他所有行，设置字体为"楷体"、字号为"小四"，并设置列标题字段的文字为"加粗"。

（6）选择整个表格，在"表格样式"功能组的表格样式库中选择一种样式快速美化表格。

（7）利用公式或函数分别计算"季度总计"字段和"类别总计"字段的值。

（8）根据制作好的表格分别创建如图 1.5.21 和图 1.5.22 所示的分析图表。

任务 6　制作宣传单

学习目标

1. 知识目标
- 掌握字体、段落、分栏、页面布局的设置
- 掌握图片、文本框、艺术字、页眉页脚等对象的插入与编辑操作
- 掌握中文简繁转换操作
2. 能力目标
- 能够综合运用 Word 的基本操作制作图文并茂的宣传单
- 能够培养良好的排版设计与色彩搭配能力

任务描述

某公司计划推出一款宣传单，请你为其设计宣传单封面。通过对公司宣传单的设计，介绍如何对宣传单进行规划，如何运用文本框、图文混排、艺术字等排版技术对宣传单进行艺术化排版设计。整体效果如图 1.6.1 所示。

图 1.6.1　宣传单整体效果

任务实现

1．设置版面

（1）新建 Word 文档，保存为"圣工涂装公司宣传单.docx"。

（2）根据要求进行页面设置。单击"页面布局"→"页面设置"功能组，依次设置页边距，上、下边距均为 2.5 厘米，左、右边距均为 3 厘米，纸张方向为横向，纸张大小为 16 开，版式的页眉、页脚边距均为 1 厘米。

2．录入正文及主图

打开准备的素材文件，把文本内容及主图分别复制粘贴到文档中，并调整图片的位置及大小，如图 1.6.2 所示。

公司简介（Company Introduces）

圣工涂装是山东圣光集团有限公司下属的专业从事内外墙乳胶漆、真石漆、金属漆、氟碳漆、环氧地坪漆、防水、防腐、防火涂料、外墙保温系统的涂装设计与工程施工的分公司，拥有一级装饰工程施工资质。
公司自创建以来，秉承"专业、专注、专心"的企业精神，高薪聘请经验丰富的设计师和工程师，广泛吸收海内外艺术造型设计风格，组建有内墙涂装项目部、外墙涂装项目部、地坪涂装项目部，形成了自产品开发、材料配供、造型设计与工程施工一体化配套服务体系。
目前公司配有专业设计师 3 名，施工工程师 6 名，无气喷涂机 10 台。
圣工涂装致力于打造高度专业化和规范化的管理团队，以领先的艺术造型设计风格、独特的施工应用技术，为客户提供行业内高水平、高质量的涂装服务，让建筑彰显璀璨夺目的艺术之美。

专业施工团队（Professional service team）

图 1.6.2　录入正文及主图后的效果

3．设置分栏、段落及图片格式

（1）将正文分为两栏，设置正文为"首行缩进"，段前和段后间距1行。

（2）添加右下角的组图，调整组图的位置及大小，如图1.6.3所示。

公司简介(Company Introduces)

圣工涂装是山东圣光集团有限公司下属的专业从事内外墙乳胶漆、真石漆、金属漆、氟碳漆、环氧地坪漆、防水、防腐、防火涂料、外墙保温系统的涂装设计与工程施工的分公司，拥有一级装饰工程施工资质。

公司自创建以来，秉承"专业、专注、专心"的企业精神，高薪聘请经验丰富的设计师和工程师，广泛吸收海内外艺术造型设计风格，组建有内墙涂装项目部、外墙涂装项目部、地坪涂装项目部，形成了自产品开发、材料配供、造型设计与工程施工一体化配套服务体系。

目前公司配有专业设计师3名，施工工程师6名，无气喷涂机10台。

圣工涂装致力于打造高度专业化和规范化的管理团队，以领先的艺术造型设计风格、独特的施工应用技术，为客户提供行业内高水平、高质量的涂装服务，让建筑彰显璀璨夺目的艺术之美。

专业施工团队(Professional service team)

图1.6.3　文字分栏及组图设置后的效果

提示：组图可随处移动的技巧是：在图片上右击，在弹出的快捷菜单中选择"大小和位置"命令，打开"布局"对话框，单击"文字环绕"选项卡，设置"环绕方式"为"衬于文字上方"，再用键盘的上、下、左、右方向键来微调图片位置。

4．制作艺术字标题

（1）将光标定位在宣传单右上角，单击"插入"→"文本"→"艺术字"命令，在下拉列表中选择合适的预设样式，输入艺术字内容"圣工生态涂装"，并将艺术字字号调小一级。

（2）单击"审阅"→"中文简繁转换"→"简转繁"命令，对艺术字进行"简转繁"设置。添加艺术字标题后的效果如图1.6.4所示。

5．插入矩形形状并设置其格式

（1）插入矩形形状，调整其大小，设置形状样式，并将其衬于文字下方。

（2）将矩形上方的文字设置为隶书并调整大小。

（3）在大矩形框下面添加小矩形，并将其填充颜色与轮廓颜色设置为白色，调整位置。添加艺术字标题后的效果如图1.6.5所示。

6．设置页面背景、页脚及隐藏段落标记

（1）单击"页面布局"→"页面背景"→"页面颜色"按钮，设置页面主题颜色为"橄榄色，个性色3，淡色80%"。

（2）插入页脚，添加页脚图片，设置为右对齐并调整大小。

聖工生態塗裝

公司简介(Company Introduces)

专业施工团队(Professional service team)

圣工涂装是山东圣光集团有限公司下属的专业从事内外墙乳胶漆、真石漆、金属漆、氟碳漆、环氧地坪漆、防水、防腐、防火涂料、外墙保温系统的涂装设计与工程施工的分公司，拥有一级装饰工程施工资质。

公司自创建以来，秉承"专业、专注、专心"的企业精神，高薪聘请经验丰富的设计师和工程师，广泛吸收海内外艺术造型设计风格，组建有内墙涂装项目部、外墙涂装项目部、地坪涂装项目部，形成了自产品开发、材料配供、造型设计与工程施工一体化配套服务体系。

目前公司配有专业设计师 3 名，施工工程师 6 名，无气喷涂机 10 台。

圣工涂装致力于打造高度专业化和规范化的管理团队，以领先的艺术造型设计风格、独特的施工应用技术，为客户提供行业内高水平、高质量的涂装服务，让建筑彰显璀璨夺目的艺术之美。

图 1.6.4　添加艺术字标题后的效果

聖工生態塗裝

Company Introduces

公司简介

Professional service team

专业施工团队

圣工涂装是山东圣光集团有限公司下属的专业从事内外墙乳胶漆、真石漆、金属漆、氟碳漆、环氧地坪漆、防水、防腐、防火涂料、外墙保温系统的涂装设计与工程施工的分公司，拥有一级装饰工程施工资质。

公司自创建以来，秉承"专业、专注、专心"的企业精神，高薪聘请经验丰富的设计师和工程师，广泛吸收海内外艺术造型设计风格，组建有内墙涂装项目部、外墙涂装项目部、地坪涂装项目部，形成了自产品开发、材料配供、造型设计与工程施工一体化配套服务体系。

目前公司配有专业设计师 3 名，施工工程师 6 名，无气喷涂机 10 台。

圣工涂装致力于打造高度专业化和规范化的管理团队，以领先的艺术造型设计风格、独特的施工应用技术，为客户提供行业内高水平、高质量的涂装服务，让建筑彰显璀璨夺目的艺术之美。

图 1.6.5　添加艺术字标题后的效果

（3）单击"文件"→"选项"命令，弹出"Word 选项"对话框，选择对话框左侧导航栏的"显示"选项，在"始终在屏幕上显示这些格式标记"栏中取消选中"段落标记"复选框，如图 1.6.6 所示。

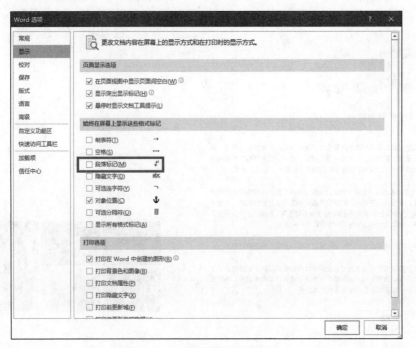

图 1.6.6　设置隐藏段落标记

宣传单最终效果如图 1.6.1 所示。

知识拓展

1. 设置分栏

（1）选择要分栏的内容。

（2）单击"页面布局"→"页面设置"→"分栏"按钮，在预设的栏数中选择"一栏""两栏""三栏""偏左"或者"偏右"。

（3）如果预设的栏数无法满足要求，可以单击"更多分栏"，打开"分栏"对话框，如图 1.6.7 所示。在"栏数"文本框中设置栏数，最大值为 11。

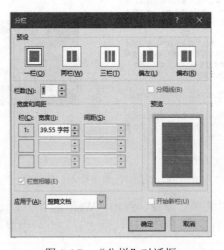

图 1.6.7　"分栏"对话框

（4）如果需要添加分隔线，可在"分栏"对话框中选中"分隔线"复选框。

（5）如果需要设置不同的栏宽度和间距，可取消选中"栏宽相等"复选框，并在"宽度和间距"区域中分别设置"宽度"和"间距"的值。

2. 设置页眉、页脚和页码

页眉和页脚是文档中每个页面的顶部、底部区域，常用于显示文档的附加信息，可以插入时间、图形、公司徽标、文档标题、作者、章节、页码等信息。

（1）插入预设样式的页眉和页脚。

1）单击"插入"→"页眉和页脚"组中的"页眉"或"页脚"按钮。

2）在内置的页眉或页脚的下拉列表中选择一种页眉样式或页脚样式，可将页眉或页脚插入到文档中的每一页。

3）在页眉页脚编辑状态下，单击"页眉和页脚工具/设计"选项卡，可对页眉页脚的格式进行设置，如图1.6.8所示。

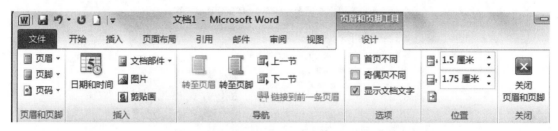

图 1.6.8 "页眉和页脚工具/设计"选项卡

（2）创建首页不同的页眉或页脚。

1）在文档中双击已插入的页眉或页脚区域。

2）选择"页眉和页脚工具/设计"→"选项"→"首页不同"复选项。

（3）为奇偶页创建不同的页眉或页脚。

1）在文档中双击已插入的页眉或页脚区域。

2）选择"页眉和页脚工具/设计"→"选项"→"奇偶页不同"复选项，即可分别在奇数页和偶数页创建不同的页眉或页脚。

（4）为各节创建不同的页眉或页脚。

1）在文档中双击已插入的页眉或页脚区域。

2）将光标定位于文档第一节的页眉或页脚中。

3）单击"页眉和页脚工具/设计"→"导航"→"下一节"按钮，进入页眉或页脚的第二节区域中。

4）单击"页眉和页脚工具/设计"→"导航"→"链接到前一条页眉"按钮，断开新节页眉与前一节页眉之间的链接，即可输入本节的页眉或页脚。

（5）删除页眉或页脚。

1）将光标定位于文档中的任意位置。

2）单击"插入"→"页眉和页脚"组中的"页眉"或"页脚"按钮，在下拉列表中选择"删除页眉"或"删除页脚"命令。

巩固提高

旅游新天地公司准备设计一张有关云南石林的宣传单，其排版效果如图 1.6.9 所示。请打开素材文件，完成该宣传单页面的排版，页面的行距为 1.25 倍行距。主要操作有：插入页眉、套用内置页眉样式、插入艺术字、行距设置、分栏、插入图片、图片样式设置、插入脚注、文字水印、文本转换成表格、表格边框底纹设置、页面颜色设置等。

《旅游新天地》杂志   2014

天造奇观的**云南石林**，位于云南省昆明市石林彝族自治县境内，海拔 1500m～1900m，属亚热带低纬度高原山地季风气候，年平均温度约 16℃，距省会昆明 78 公里，"冬无严寒、夏无酷暑、 四季如春"，是世界唯一位于亚热带高原地区的喀斯特地貌风景区，素有"天下第一奇观"、"石林博物馆"的美誉，是首批中国国家重点风景名胜区、中国国家地质公园、世界地质公园，与北京故宫、西安兵马俑、桂林山水齐名，成为中国四大旅游胜地之一。

石林世界地质公园以其无与伦比的天造奇观吸引了海内外无数游客。石林具有世界上最奇特的喀斯特地貌，这里在约 3 亿年前还是一片泽国，经过漫长的地质演变，终于形成了现今极为珍贵的地质遗迹。

石林以石多似林而闻名，景区范围广袤，气势大度恢弘，峭壁万仞，石峰嶙峋，湖泊秀美，溶洞奇幽，瀑布壮观，加上在自然那鬼斧神工的岩石造型组合，各具形态的构景，形态万千，像千军万马，似石堡幽城，如飞禽走兽，像人间万物，惟妙惟肖，栩栩如生。

石林景区以被称为"剑状喀斯特地形"的岩溶地貌（喀斯特地貌）为主要特色，景区包括西北的步哨山、中心的大石林和小石林、南面的万年灵芝和东面的李子园箐五个片区，面积约 12 平方公里。其中的万年灵芝、李子园箐和步哨山是新开发的景点。深、幽、险、奇是石林景区的景观特征。进入景区内，但见石柱、石壁、石峰千姿百态，争奇竞丽。

石林的石头与众不同，它是一幅绝妙的画，每天吸引着五湖四海的游人前来驻足观赏；它是一首优美的诗，古往今来有无数骚人墨客为它咏叹吟哦；它又是有灵性和生命的；有双马渡食、孔雀梳翅、凤凰灵仪、象距

石台、犀牛望月；有唐僧石、悟空石、八戒石、沙僧石、观音石、将军石、士兵俑、诗人行吟、母子偕游、阿诗玛等无数象生石，无不栩栩如生，惟妙惟肖，令人叹为观止。除了动物外，还有许多酷似植物，如雨后春笋、

蘑菇、**玉管花等**。有一处"钟石"，能敲出许多种不同的音调。整个石林就是一座巨大的自然石景艺术宝库，任凭游客去观察，去发现，去自由地想象。

主要特色景点共有12个					
大石林	小石林	乃古石林	大叠水瀑布	长湖	月湖
芝云洞	奇风洞	步哨山	李子园箐	万年灵芝	石林湖

成人票：175 元 儿童票：100 元

图 1.6.9 宣传单排版后的效果

任务 7　编辑排版长篇论文

学习目标

1. 知识目标
- 掌握页面布局、页眉页脚、多级符号的设置方法
- 掌握样式的创建与应用
- 掌握分节符的应用
- 掌握生成目录的方法
2. 能力目标
- 能够综合运用 Word 的基本操作对论文进行编辑排版
- 能够制作长文档的目录

任务描述

小张是某高职院校大三毕业班学生，毕业论文已撰写完毕，还需要按照学校的毕业论文格式规范对论文进行排版。论文格式要求如下：纸张大小为 A4 纸，版面页边距上、下均为 3.5 厘米，左为 4.5 厘米，右为 3.4 厘米，页脚为 3 厘米。有封面和目录，并且封面页是第 1 节；摘要和目录是第 2 节，摘要和目录间分页；正文部分是第 3 节。封面没有页码，目录的页码要求是大写的罗马数字，目录之后为第 1 页。除封面和目录外，每节的页眉奇偶页不同，页码在页面底端，居中显示。效果如图 1.7.1 所示。

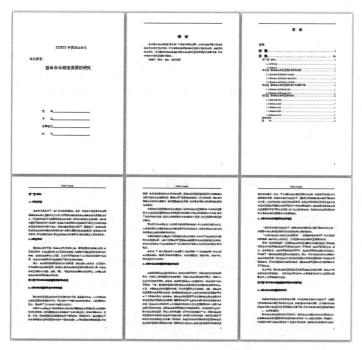

图 1.7.1　论文排版效果

任务实现

1. 设置论文页面尺寸

（1）单击"页面布局"→"页面设置"功能组右下角的小图标按钮，打开"页面设置"对话框，如图 1.7.2 所示。

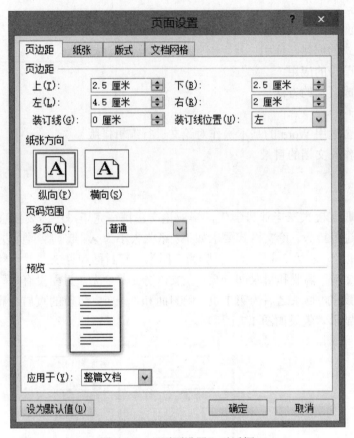

图 1.7.2　"页面设置"对话框

（2）选择"页边距"选项卡，设置页边距：上、下均为 2.5 厘米，左为 4.5 厘米，右为 2 厘米，装订线位置为左。

（3）选择"版式"选项卡，设置页眉和页脚"奇偶页不同"和"首页不同"。

2. 插入分节符

（1）在论文设计封面页内容结尾处，单击"页面布局"→"页面设置"→"分隔符"按钮，在下拉列表中选择"下一页"命令，插入分节符，如图 1.7.3 所示。

提示：插入一个分隔符时，下一页会多出一个无用的空行，可删除该空行。

（2）在"摘要"页末尾处，单击"页面布局"→"页面设置"→"分隔符"按钮，在下拉列表中选择"分页符"命令。

（3）在"目录"页末尾处，单击"页面布局"→"页面设置"→"分隔符"按钮，在下拉列表中选择"分节符"命令。

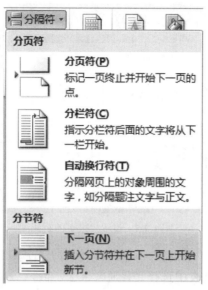

图 1.7.3　插入分节符

（4）在论文正文"第一章"内容结尾处，单击"下一页"命令插入分节符。

（5）用同样的方法，在第二章结尾处、第三章结尾处……参考文献结尾处，插入"下一页"分节符。

3. 插入页眉和页脚

按照论文页眉的格式设置要求，设置操作如下：

（1）单击"插入"→"页眉和页脚"→"页眉"命令，在下拉列表中选择"编辑页眉"命令，进入页眉和页脚的编辑状态。将光标置于"目录"页的页脚，单击"页眉和页脚工具/设计"→"导航"→"链接到前一条页眉"按钮，使其成为不可用状态。

（2）从论文主体正文开始，在奇数页眉编辑区输入"论文题目"，在偶数页眉编辑区输入"当前章节的标题"，设置字体为楷体、字号为五号、居中显示，样式如图 1.7.4 所示。

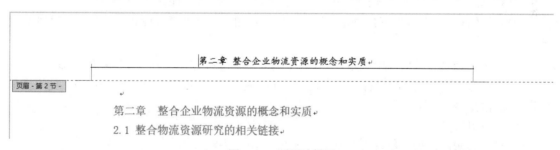

图 1.7.4　页眉编辑区

（3）将光标置于"摘要"页的第一页页脚，单击"页眉和页脚工具/设计"→"页码"→"页面底端"按钮，在下拉列表中选择"普通数字 2"命令，并设置页码字体为宋体、字号为五号、居中显示。

（4）选中插入的页码，在"页码"下拉列表中选择"设置页码格式"命令，打开"页码格式"对话框，设置为大写罗马数字格式，起始页码为"Ⅰ"，如图 1.7.5 所示。

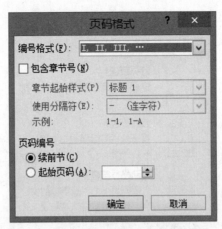

图 1.7.5　设置目录页的页码

（5）将光标置于"正文"页的第一页页脚，单击"页眉和页脚工具/设计"→"页码"→"页面底端"按钮，在下拉列表中选择"普通数字 2"命令，这时该页码为"2"，并设置页码字体为宋体、字号为五号、居中显示。

（6）单击"关闭页眉和页脚"按钮。至此，论文的页码插入完毕。

4. 创建标题样式并应用样式

毕业论文标题和正文格式要求如表 1.7.1 所示。

表 1.7.1　标题和正文格式要求

名称	字体	字号/字形	对齐方式	间距
标题 1	黑体	三号，加粗	居中	单倍行距，段前段后 1 倍行距
标题 2	黑体	小三号	左对齐	单倍行距，段前段后 0.5 倍行距
正文	宋体	小四号	首行缩进 2 个字符	单倍行距，段前段后 0 倍行距

（1）单击"开始"→"样式"命令，打开"样式"窗格，如图 1.7.6 所示。

（2）在"样式"窗格左下角单击"管理样式"按钮，打开"修改样式"对话框，如图 1.7.7 所示。

（3）在"修改"对话框中，按照表 1.7.1 的要求为"标题 1"格式设置相应的参数。

（4）用同样的方法，在"样式"窗格中找到"标题 2""正文"，分别按表 1.7.1 的要求修改其样式格式。

（5）应用样式。

1）选中需要设置为一级标题的文本，如各章节的标题。

2）单击"样式"窗格中的"标题 1"样式。

3）用同样的方法为一级标题、二级标题、正文应用相应的样式。

5. 目录制作

设置好标题及正文的样式后将光标置于目录页，单击"引用"→"目录"→"插入目录"命令，在打开的"目录"对话框中选择"目录"选项卡，将"显示级别"设置为 2，单击"确定"按钮，如图 1.7.8 所示。

图 1.7.6 "样式"窗格

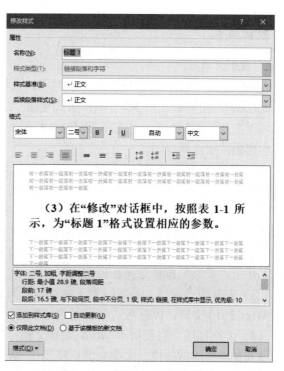

图 1.7.7 设置"标题 1"样式

图 1.7.8 "目录"对话框

知识拓展

1. 视图方式

Word 2010 中提供了多种视图方式供用户选择，以满足用户不同情况的浏览需求，包括"页面视图""阅读版式视图""Web 版式视图""大纲视图"和"草稿视图"5 种视图模式。用户可以在"视图"功能区中选择需要的文档视图模式，也可以在 Word 2010 文档窗口的右下方单击视图按钮选择视图。

（1）页面视图。是 Word 的默认视图，可以显示 Word 2010 文档的打印结果外观，主要包括页眉、页脚、图形对象、分栏设置、页面边距等元素，是最接近打印结果的视图方式，一般新建文档、编辑文档等大多数编辑操作都需要在此模式下进行。

（2）阅读版式视图。是为了方便阅读浏览文档而设计的视图模式，以图书的分栏样式显示 Word 2010 文档，"文件"按钮、功能区等窗口元素被隐藏起来。在阅读版式视图中，用户还可以单击"工具"按钮选择各种阅读工具。

（3）Web 版式视图。是专门为了浏览编辑网页类型的文档而设计的视图，以网页的形式显示 Word 2010 文档，Web 版式视图适用于发送电子邮件和创建网页。

（4）大纲视图。主要用于 Word 2010 文档标题层级结构的设置和显示，并可以方便地折叠和展开各种层级的文档。大纲视图广泛用于 Word 2010 长文档的快速浏览和设置中。

（5）草稿视图。取消了页面边距、分栏、页眉页脚和图片等元素，仅显示标题和正文，是最节省计算机系统硬件资源的视图方式。当然，目前计算机系统的硬件配置都比较高，基本不存在由于硬件配置偏低而使 Word 2010 运行遇到障碍的问题。

2. 插入封面

（1）单击"插入"→"页"→"封面"命令。

（2）弹出系统内置的封面库，可以选择相应的封面进行创建，如图 1.7.9 所示。

3. 插入分隔符

（1）分页符。

分页符是分页的一种符号，位于上一页结束以及下一页开始的位置，Word 可插入一个分页符在指定位置强制分页。

1）将光标定位在需要分页的文档位置。

2）单击"页面布局"→"页面设置"→"分隔符"→"分页符"命令，可对文档进行分页。

3）单击"插入"→"页"→"分页"按钮（或按 Ctrl+Enter 组合键），即对文档分页。

（2）自动换行符。

自动换行符是 Word 中的一种换行符号，又叫软回车，是以一个直的向下的箭头（↓）表示的。自动换行符不是段落标记，虽然在形式上换行，但换行而不换段，换行前后段落格式相同，且无法设置自身的段落格式，在网页中使用较多。

单击"页面布局"→"页面设置"→"分隔符"→"自动换行符"命令，即可添加自动换行符。

提示：软回车（自动换行符）的快捷键为 Shift+Enter，在 Word 中显示为一个直的向下的小箭头；硬回车即段落间换行，最常使用的是 Enter 键，在 Word 中显示为一个弯曲的小箭头。

图 1.7.9 选择文档封面

（3）分节符。

分节符是指为表示节的结尾而插入的标记。分节符包含节的格式设置元素，如页边距、页面的方向、页眉页脚以及页码的顺序。

1）将光标定位于需要分节的文档位置。

2）单击"页面布局"→"页面设置"→"分隔符"按钮，在"分节符"选项区中选择其中一种分节方式，即可对文档进行分节。

分节的种类如下：

● 下一页：插入一个分节符，并在下一页开始新的一页。

● 连续：插入一个分节符，新节从同一页开始。

● 奇数页：插入一个分节符，新的一节从下一个奇数页开始。

● 偶数页：插入一个分节符，新的一节从下一个偶数页开始。

提示：删除分节符的同时还会删除节中的文本格式。例如，如果删除了某个分节符，其前面的文字将合并到后面的节中，并且采用后者的格式设置。

巩固提高

按照图 1.7.10 所示的样文进行编辑。

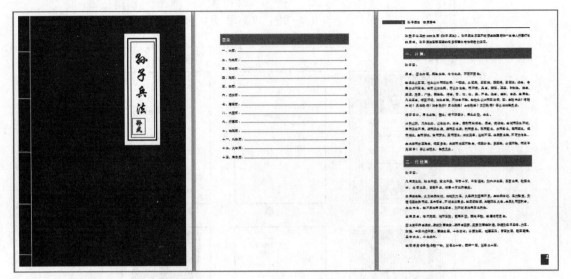

图 1.7.10　实践样文

（1）分节设置。封面页是第 1 节，目录页是第 2 节，正文部分是第 3 节。

（2）封面设计。封面为深蓝色；书名框黑、白色，输入书名和作者名，画白色修饰线；字体、大小、线形、粗细、位置自行设计。

（3）设置大纲级别。设一、二、……段落为 1 级标题，其他文字为正文。

（4）更改样式。选择"茅草"样式集。

（5）插入目录。在第 2 页插入"内置"式"自动目录 1"。

（6）加页眉和页脚。断开各节的连接，页眉选择"内置"中的"运动型"，输入"孙子兵法　世界奇书"；页码在页面底端，选择内置中的"框中倾斜 2"型，页码从 1 开始编号。

项目二　Excel 高级应用

任务 1　制作员工信息档案表

学习目标

1. 知识目标
- 掌握 Excel 工作簿的创建和保存
- 掌握工作表的插入、重命名等基本操作
- 掌握工作表数据的输入、编辑和修改
- 掌握数据有效性的设置
- 掌握数据表格的美化
- 掌握窗口冻结操作
- 掌握数据表排版打印设置
2. 能力目标
- 能够综合运用 Excel 的操作知识制作员工信息档案表
- 能够对表格进行窗口冻结、排版打印设置

任务描述

小吴是一名刚毕业的大学生，顺利通过应聘成为某网络科技公司的人事主管助理。上班第一天，主管要求他制作一份员工信息档案表，方便公司管理，效果如图 2.1.1 所示。

员工信息档案								
工号	姓名	性别	年龄	学历	部门	进入企业时间	身份证号	联系电话
001	苏景	男	31	硕士	研发部	2001年3月1日	130224********2122	159****0001
002	孟永科	男	35	本科	销售部	1999年2月1日	130224********4561	15****21469
003	巩月明	女	32	大专	采购部	1999年1月1日	223224********5894	189****1853
004	田格艳	女	25	本科	广告部	1997年6月1日	320323********2459	150****4852
005	王琪	女	34	硕士	研发部	2001年3月1日	223224********123X	150****0801
006	董国株	男	27	本科	销售部	2000年7月1日	132486********4218	147****1469
007	张昭	男	29	本科	采购部	2006年4月1日	451268********532X	187****1568
008	龙丹丹	女	30	本科	广告部	2003年7月1日	510265********4972	159****0406
009	雷庭	男	28	本科	销售部	1999年1月1日	130224********1582	18****22351

图 2.1.1　员工信息档案表

操作要求：
（1）新建工作簿。
（2）保存工作簿。

（3）录入数据内容。

（4）用"设置序列的数据有效性"方式填充"性别"列数据内容。

（5）利用单元格合并将表格标题居中。

（6）美化表格，设置行高和列宽、对齐方式、边框和底纹。

（7）冻结窗口。

（8）插入工作表并重命名。

（9）工作表打印设置。

任务实现

1. 新建 Excel 工作簿

新建 Excel 表格的方法有 3 种。

第一种：新建 Excel 工作簿的方法与创建空白 Word 文档类似，即选择"开始"→"程序"→Microsoft Office→Microsoft Excel 2010 命令，启动 Excel 程序。

第二种：如果有已经打开的 Excel 文档，可以通过"文件"选项卡中的"新建"→"空白工作簿"命令来创建，如图 2.1.2 所示。

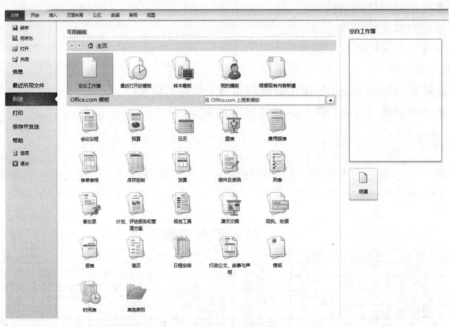

图 2.1.2　利用"文件"选项卡新建空白工作簿

第三种：右击，在弹出的快捷菜单中选择"新建"→"Microsoft Excel 工作表"选项。

一个新建空白工作簿，默认的名字是"工作簿 1"，每个工作簿默认包含 3 张工作表，分别是 Sheet1、Sheet2、Sheet3。

2. 保存工作簿

在新建工作簿后要及时保存，以防中途突然断电、计算机死机以及计算机中出现病毒等各种意外情况的发生而导致工作簿丢失。操作步骤如下：

（1）选择"文件"选项卡中的"保存"命令，打开"另存为"对话框，如图 2.1.3 所示。

图 2.1.3　"另存为"对话框

（2）指定保存路径，在"文件名"文本框中输入文件名称，单击"保存"按钮。对于已经保存过的 Excel 工作簿，直接单击工具栏中的"保存"按钮 或者直接按 Ctrl+S 组合键进行保存。

3．录入数据内容

（1）单击 A1 单元格，输入文本"员工信息档案"。

（2）在单元格 A2 中输入列标题"工号"，将光标移动至 B2 单元格并输入"姓名"。

（3）用同样的方法在 C2:I2 单元格区域依次输入"性别""年龄""学历""部门""进入企业时间""身份证号""联系电话"等标题。

（4）由于"工号"列的数据是有规律的，可以考虑使用快速录入的方法进行操作。操作方法如下：在 A3 单元格中输入 001，将鼠标移动到 A3 单元格右下角，当光标由空心的"十"字指针变成实心的"十"字指针时，按住 Ctrl 键，同时向下拖动鼠标至 A92 单元格，松开 Ctrl 键和鼠标，此时 A3:A92 单元格内自动生成工号。

（5）在其他列中直接填写"姓名""性别""年龄""部门"等内容。

（6）"进入企业时间"列的内容属于日期型数据，此类数据在输入前可先设定其单元格格式，操作方法如下：选中 G 列数据并右击，选择"设置单元格格式"命令，弹出"设置单元格格式"对话框，在"数字"选项卡的"分类"列表框中选择"日期"选项，在"类型"列表框中选择符合要求的类型，如图 2.1.4 所示，单击"确定"按钮，此时日期的类型会变成所选择的类型。

（7）"身份证号"和"联系电话"列中的数据属于数字文本，可以通过以下两种方法输入：

方法一：在输入数据之前选中两列单元格，选择"开始"→"样式"→"单元格样式"→"数字"→"文本"命令，单击"确定"按钮，将其数字格式设置为"文本"即可。

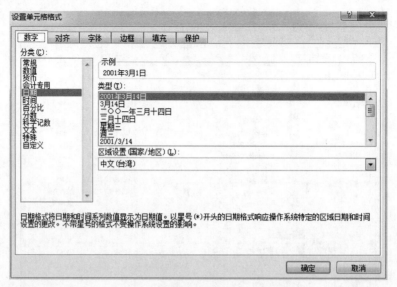

图 2.1.4 "设置单元格格式"对话框

方法二：在单元格内输入英文状态下的单引号，再输入身份证号码，即可实现数值型文本的输入。

4. 数据有效性设置

可以为员工档案表中的"性别"列数据设置数据有效性条件，以便在输入不符合规则的数据时弹出提示对话框。操作步骤如下：

（1）选择 C3:C92 区域，切换到"数据"选项卡，单击"数据工具"→"数据有效性"按钮，如图 2.1.5 所示。

图 2.1.5 单击"数据有效性"按钮

在弹出的"数据有效性"对话框中单击"设置"选项卡，如图 2.1.6 所示。

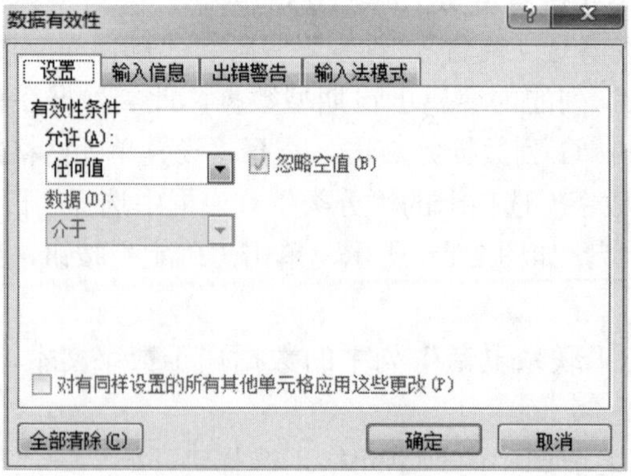

图 2.1.6 "设置"选项卡

（2）在"允许"下拉列表框中选择"序列"选项，在"来源"文本框中输入"男,女"，单击"确定"按钮，如图 2.1.7 所示。注意，文本"男"和"女"之间应输入半角逗号（英文状态下的逗号）。

图 2.1.7　数据有效性的设置

（3）单击 C3 单元格，即可看到下拉列表框，并有"男"和"女"两种选项。设置数据有效性后的效果如图 2.1.8 所示。

员工信息档案

工号	姓名	性别	年龄	学历	部门	进入企业时间	身份证号	联系电话
001	苏景	男	31	硕士	研发部	2001年3月1日	130224********2122	159****0001
002	孟永科	男	35	本科	销售部	1999年2月1日	130224********4561	15****21469
003	巩月明	女	32	大专	采购部	1999年1月1日	223224********5894	189****1853
004	田格艳	女	25	本科	广告部	1997年6月1日	320323********2459	150****4852
005	王琪	女	34	硕士	研发部	2001年3月1日	223224********123X	150****0801

图 2.1.8　设置数据有效性后的效果

（4）设定数据有效性后，在 C5 单元格内输入的数据不是男或女时会弹出一个提示对话框，如图 2.1.9 所示。

员工信息档案

工号	姓名	性别	年龄	学历	部门	进入企业时间	身份证号	联系电话
001	苏景	男	31	硕士	研发部	2001年3月1日	130224********2122	159****0001
002	孟永科	男	35	本科	销售部	1999年2月1日	130224********4561	15****21469
003	巩月明	无	2				****5894	189****1853
004	田格艳	女	25				****2459	150****4852
005	王琪	女	34				****123X	150****0801
006	董国株	男	27				****4218	147****1469
007	张昭	男	29				****532X	187****1568
008	龙丹丹	女	30				****4972	159****0406
009	雷庭	男	28				****1582	18****22351
010	程丹丹	男	25	硕士	文物部	1999年1月1日	130224********2122	159****0001

Microsoft Excel
输入值非法。
其他用户已经限定了可以输入该单元格的数值。
重试(R)　取消　帮助(H)
此信息是否有帮助?

图 2.1.9　输入错误的提示对话框

（5）如果对对话框提示信息不满意，可以继续通过"数据有效性"对话框进行设置。如图 2.1.10 所示，选择"出错警告"选项卡，设置"样式"为"警告"，在"错误信息"文本框中输入"输入信息错误，请重新输入!"，单击"确定"按钮，返回工作表。

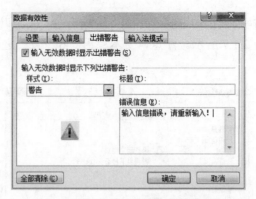

图 2.1.10　设置"出错警告"信息

（6）此时，同样在 C5 单元格中输入不符合规则的数据时就会弹出如图 2.1.11 所示的提示对话框。

					员工信息档案			
工号	姓名	性别	年龄	学历	部门	进入企业时间	身份证号	联系电话
001	苏景	男	31	硕士	研发部	2001年3月1日	130224*********2122	159****0001
002	孟永科	男	35	本科	销售部	1999年2月1日	130224*********4561	15****21469
003	巩月明	无	2	大专	采购部	1999年1月1日	223224*********5894	189****1853
004	田格艳	女						150****4852
005	王琪	女						150****0801
006	董国栋	男						147****1469
007	张昭	男						187****1568
008	龙丹丹	女						159****0406
009	雷庭	男						18****22351
010	程丹丹	男						159****0001
011	刘健名	男						130****1358

Microsoft Excel
输入信息错误，请重新输入！
是否继续？
是(Y)　否(N)　取消　帮助(H)
此信息是否有帮助?

图 2.1.11　错误提示对话框

（7）单击"是"按钮，单元格中使用输入的数据，并可继续在其他单元格中输入数据；单击"否"按钮，可以更改数据；单击"取消"按钮，则取消该数据的输入。

5. 合并单元格并居中

通常表格标题放在整个数据表的中间，最简单的方法就是通过"合并后居中"来实现，操作步骤如下：

（1）选择单元格区域 A1:I1。

（2）选择"开始"选项卡，在"对齐方式"功能组中单击"合并后居中"按钮，如图 2.1.12 所示，合并后的单元格内容会居中显示。

图 2.1.12　单击"合并后居中"按钮

提示：在"合并后居中"下拉按钮中提供了多种合并方式，如图 2.1.13 所示。

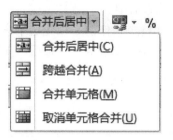

图 2.1.13　多种合并方式

6. 美化表格

数据录入完毕后，可以对表格进行美化。表格美化一般涉及行高、列宽的设置、对齐方式设置、边框和底纹设置。操作步骤如下：

（1）设置行高和列宽。

要求设置员工档案表的行高为 20 像素、列宽为 12 像素。

调整行高和列宽时，操作前必须先选中相关单元格所在的列。切换到"开始"选项卡，单击"单元格"功能组中的"格式"按钮，如图 2.1.14 所示。

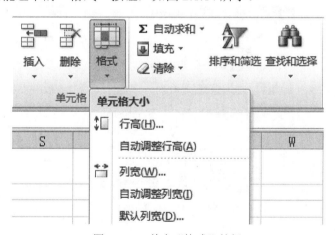

图 2.1.14　单击"格式"按钮

在下拉列表中选择"行高"选项，在弹出的"行高"对话框的文本框中输入 20，如图 2.1.15 所示，单击"确定"按钮。同样，在下拉列表中选择"列宽"选项，在"列宽"对话框的文本框中输入 12，如图 2.1.16 所示，单击"确定"按钮。

图 2.1.15　行高设置对话框

图 2.1.16　列宽设置对话框

同时，也可以将行高和列宽设置为"自动调整"模式，可根据单元格内容进行自动调整。

（2）设置对齐方式。

要求表格的内容水平居中，垂直居中。

对于需要设置对齐方式的单元格，操作前必须先选中它们，切换到"开始"选项卡，单击"对齐方式"功能组中的"水平居中/垂直居中"按钮，如图 2.1.17 所示。

图 2.1.17　设置对齐方式

（3）设置边框。

要求给员工档案表加边框。

选择单元格区域 A2:I92，切换到"开始"选项卡，单击"字体"功能组中的"边框"按钮，在下拉列表中选择"所有框线"选项，如图 2.1.18 所示，为数据区域加上边框。也可以选中数据单元格并右击，选择"设置单元格格式"→"边框"选项，选择所需的边框。

图 2.1.18　设置边框

（4）设置底纹。

要求为列标题设置底纹。

选择单元格区域 A2:I2，切换到"开始"选项卡，单击"字体"功能组中的"填充颜色"按钮，从下拉列表中选择"橙色，强调文字颜色 6，淡色 60%"选项，如图 2.1.19 所示，为标题行添加底纹。

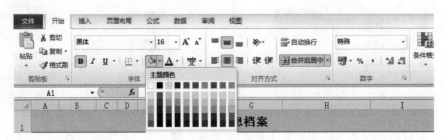

图 2.1.19　设置底纹

也可以通过单击"开始"→"样式"→"套用表格格式"命令，在下拉列表中选择合适的表格样式来美化表格。

7. 冻结窗格

拆分窗格是指将工作表窗口拆分为多个窗格，在每个窗格中均可显示工作表中的内容。冻结窗格是指将工作窗口中的某些行或列固定在可视区域内，使其不随滚动条的移动而移动。

员工档案表有 90 条数据信息，在录入的时候随着数据录入的增加，表格前面的内容会随着滚动条移动，导致出现看不到列标题的情况，用冻结窗格可以很好地解决这个问题。操作步骤如下：

（1）单击 A3 单元格，切换到"视图"选项卡，单击"窗口"功能组中的"冻结窗格"按钮，如图 2.1.20 所示。

图 2.1.20　单击"冻结窗格"按钮

（2）在下拉列表中选择"冻结拆分窗格"选项，即可实现对标题行的冻结，效果如图 2.1.21 所示。

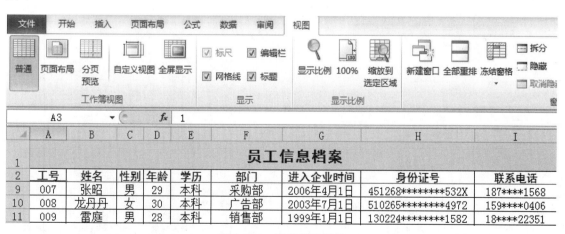

图 2.1.21　冻结窗格效果

8. 插入与重命名工作表

（1）插入工作表。

创建工作簿后默认包含 3 张工作表，用户可以根据需要选择插入或添加工作表，操作方法如下：右击工作表标签，在弹出的快捷菜单中选择"插入"命令（如图 2.1.22 所示），打开

"插入"对话框，如图 2.1.23 所示。在"常用"选项卡的列表框中选择"工作表"选项，单击"确定"按钮，即可为工作簿新增一张工作表。

图 2.1.22　选择"插入"命令　　　　　图 2.1.23　"插入"对话框

（2）重命名工作表。

工作簿中的工作表名称都以默认的形式显示，为了使工作表使用起来更加方便，可以重命名工作表，操作方法如下：右击需要重命名的工作表标签，在弹出的快捷菜单中选择"重命名"命令，如图 2.1.22 所示，此时工作表标签呈黑底白字显示，直接输入新的名称"员工信息档案"，即可完成对工作表的重命名。

9. 工作表打印设置

（1）单击"保存"按钮，保存文件。

（2）单击"文件"→"打印"命令，设置打印份数，纸张方向为纵向，纸张大小为 A4，页边距为正常边距，缩放比例为将所有列调整为一页。效果如图 2.1.24 所示。

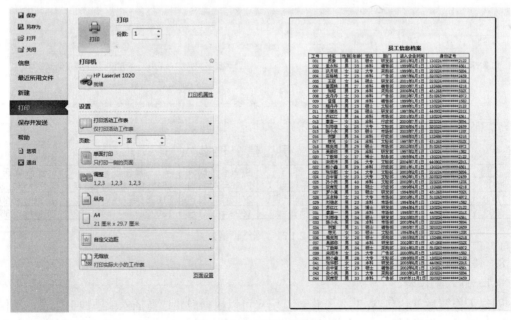

图 2.1.24　打印设置效果

知识拓展

1. 工作表数据的输入、编辑与修改

在 Excel 中，可以在工作表的单元格中输入各种类型的数据，如文本、数值、日期和时间等，每种数据都有其特定的格式和输入方法。

（1）Excel 中的数据类型。

1）文本型：文本是指汉字、英文或由汉字、英文、数字组成的字符串。默认情况下，文本型数据沿单元格左对齐。

2）数值型：在 Excel 中，数值型数据使用最多，也最为复杂。数值型数据由数字 0~9、正号、负号、小数点、分号"/"、百分号"%"、指数符号"E 或 e"、货币符号"¥ 或 $"和千位分隔号","等组成。默认情况下，数值型数据沿单元格右对齐。

3）日期和时间型：在 Excel 中一般视为数字处理。年月日之间直接用"-"或"/"隔开，如"2015-4-10"或"2015/4/10"。

若要把日期为"2013 年 1 月 20 日"的单元格更改为"2013 年 1 月 20 日星期日"，则单击"设置单元格格式"→"自定义"命令，将类型修改为"yyyy"年"m"月"d"日" [$-804]aaaa"，如图 2.1.25 所示。

图 2.1.25　设置自定义日期格式

（2）自动填充数据。

在输入数据时，如果希望在一行或一列相邻的单元格中输入相同的或有规律的数据，可以首先在第一个单元格中输入示例数据，然后上下或左右拖动填充柄。具体方法如下：

1）在单元格中输入示例数据，然后将鼠标指针移到单元格右下角的填充柄上，鼠标指针变为实心的"十"字形。

2）按住鼠标左键拖动单元格右下角的填充柄到目标单元格，松开左键。

3）单击填充区域右下角的"自动填充选项"按钮，选择"填充序列"单选项，如图 2.1.26 所示。

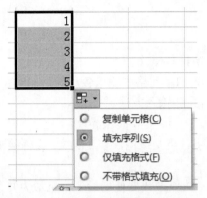

图 2.1.26　选择"填充序列"单选项

4）单击"开始"→"编辑"→"填充"→"系列"选项，在打开的"序列"对话框中选择所需单选项，如"等比序列"，设置步长值，单击"确定"按钮，如图 2.1.27 所示。

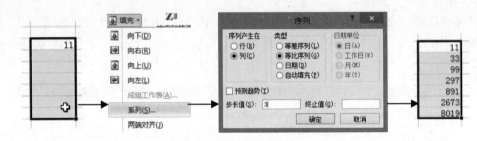

图 2.1.27　填充等比序列

（3）工作表数据的编辑和修改。

1）修改数据：在选中的单元格内直接修改或利用编辑栏进行修改。

2）清除单元格数据：选择单元格后按 Delete 或 BackSpace 键，或单击"开始"→"编辑"→"清除"命令，在展开的列表中选择"清除内容"选项，如图 2.1.28 所示。清除单元格内容后，单元格仍然存在。

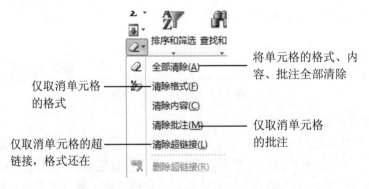

图 2.1.28　"清除"列表

2. 打印设置

（1）单击"页面布局"→"页面设置"→"页面"按钮，在弹出的"页面设置"对话框的"页面"选项卡中设置打印方向、纸张大小及缩放比例等内容，如图 2.1.29 所示。

图 2.1.29　"页面"选项卡

（2）在"页边距"选项卡中设置表格打印内容与纸边的距离、页眉页脚离纸边的距离、打印数据时数据表在纸张中的居中方式，其中"水平"是指打印时数据在纸张中水平居中，"垂直"是指打印时数据在纸张中垂直居中。

（3）在"页眉/页脚"选项卡中对数据表的页眉页脚进行基础设置。

（4）在"工作表"选项卡中设置数据表的"打印区域"，打印时只打印被选中的区域内容。

巩固提高

（1）对"院系学生借书情况表"进行操作，文件名为"院系学生借书情况表.xlsx"，效果如图 2.1.30 所示。

	A	B	C	D	E	F	G
	院系	3月	4月	5月	6月	7月	平均借阅量
	机电系	503	370	1110	712	356	
	计算机系	300	822	421	900	1200	
	通信系	677	1500	763	791	528	
	工程系	200	327	359	1400	345	
	网络系	428	600	574	634	231	
	总计借阅量						

图 2.1.30　院系学生借书情况表

操作要求如下：

1）在第一行前插入空行，输入标题"院系学生借书情况表"，合并居中，字体为楷体，加粗，大小为 18，并将该行的行高设置为 40，把列标题行文字加粗。

2）用函数求出每个系的"平均借阅量"并填入到相应的单元格中（不保留小数位），求出 5 个系每月的总计借阅量并填入最后一行相应单元格中。

3）按平均借阅量从高到低对各系的所有信息进行排序。

4）给表格设置边框，内部黑色细线，外边框蓝色粗实线，表格设置自动列宽。

5）新建工作表“书籍借阅情况统计”，复制工作表“院系学生借书情况表”中 A1:G8 的表格数据，粘贴到“书籍借阅情况统计”工作表中，设置工作表标签颜色为绿色。

（2）学生成绩汇总表如图 2.1.31 所示。

学生成绩汇总表						
序号	学号	姓名	高数	英语	电工	三论
1	31012101	石磊	90	87	76	80
2	31012102	王冕	71	66	82	57
3	31012103	孙燕	83	55	93	79
4	31012104	李雷	83	80	85	91
5	31012105	刘明	51	70	87	62
6	31012106	赵倩	88	42	63	77
7	31012107	王一鸣	94	61	84	52
8	31012108	李大鹏	76	80	70	85
9	31012109	郑亮	89	92	96	93
10	31012110	孙坚	78	94	89	90

图 2.1.31　学生成绩汇总表

进行如下操作：

1）将标题“学生成绩汇总表”合并居中，楷体加粗，22 号。

2）将行标题的字体设置为宋体、14 号、加粗显示，文本水平、垂直居中，底纹设置为浅绿色。

3）将表格数据设置为 Times New Roman，14 号，水平、垂直居中。

4）设置表格行高为 25 像素，列宽为 15 像素。

5）对数据表添加边框，其中外框线为双实线，内框线为单实线浅蓝色。

6）不及格的成绩加粗、倾斜、黄色显示（通过条件格式进行操作）。

7）将“学生成绩单”重命名为“17 计算机网络技术 1 班学生成绩单”。

效果如图 2.1.32 所示。

学生成绩汇总表						
序号	学号	姓名	高数	英语	电工	三论
1	31012101	石磊	90	87	76	80
2	31012102	王冕	71	66	82	57
3	31012103	孙燕	83	55	93	79
4	31012104	李雷	83	80	85	91
5	31012105	刘明	51	70	87	62
6	31012106	赵倩	88	42	63	77
7	31012107	王一鸣	94	61	84	52
8	31012108	李大鹏	76	80	70	85
9	31012109	郑亮	89	92	96	93
10	31012110	孙坚	78	94	89	90

17计算机网络技术1班成绩单 / Sheet2 / Sheet3

图 2.1.32　学生成绩单效果

任务 2　统计学生成绩表数据

学习目标

1. 知识目标
- 掌握 Excel 公式的应用
- 掌握相对引用和绝对引用
- 掌握 IF、SUM、COUNTIF、RANK 等常用函数的使用方法
- 掌握工作表的复制和移动操作

2. 能力目标
- 能够熟练地在表格中使用 Excel 公式和函数进行计算
- 能够在公式和函数中灵活运用相对引用和绝对引用

任务描述

某高职院校 17 计算机网络技术 1 班的期末考试成绩出来了，现需要对同学们的成绩进行统计与分析，需求如下：

（1）计算考试成绩的平均分。

（2）统计不同分数段的学生数以及最高分、最低分，效果如图 2.2.1 所示。

（3）使用学校规定的公式计算每名学生必修课程的加权平均成绩。

（4）按照德、智、体分数以 2:7:1 的比例计算每名学生的总评成绩并进行排名，效果如图 2.2.2 所示。

17计算机网络技术1班学生成绩汇总表

序号	学号	姓名	高数	英语	计算机网络基础	三论	实训	实训成绩转换	平均成绩
1	31012101	石磊	90	87	76	80	良	85	83.89
2	31012102	王冕	71	66	77	57	中	75	66.33
3	31012103	孙燕	83	55	93	79	良	85	76.78
4	31012104	李雷	83	80	85	91	优	95	86.56
5	31012105	刘明	51	80	87	62	及格	65	66.67
6	31012106	赵倩	88	42	63	77	良	85	71.00
7	31012107	王一鸣	94	61	84	52	不及格	55	67.22
8	31012108	李大鹏	76	80	67	85	中	75	78.78
9	31012109	郑亮	94	92	96	96	优	95	94.56
10	31012110	孙坚	78	94	89	90	良	85	87.56

课程名称	学分值		学生平均成绩分段统计		
			分数段	人数	比例
高数	4		90分以上	1	10.00%
英语	4		80-89分	3	30.00%
计算机网络基础	2		70-79分	3	30.00%
三论	6		60-69分	3	30.00%
实训	2		0-59分	0	0.00%
总学分	18		总计	10	100.00%
			最高分	94.56	
			最低分	66.33	

图 2.2.1　平均分及分段统计效果

17计算机网络技术1班总评成绩及排名

序号	学号	姓名	德育	智育	文体	总评	排名
1	31012101	石磊	93.83	83.89	90.00	86.49	4
2	31012102	王冕	88.11	66.33	86.00	72.65	8
3	31012103	孙燕	84.14	76.78	86.00	79.17	6
4	31012104	李雷	99.56	86.56	98.00	90.30	2
5	31012105	刘明	79.30	66.67	91.00	71.63	9
6	31012106	赵倩	76.21	71.00	81.00	73.04	7
7	31012107	王一鸣	71.37	76.22	71.00	68.43	10
8	31012108	李大鹏	85.46	78.78	80.00	80.24	5
9	31012109	郑亮	92.51	94.56	73.00	91.99	1
10	31012110	孙坚	100.00	87.56	85.00	89.79	3

图 2.2.2　学生总评成绩及排名

操作要求如下:

(1) 利用 IF 函数转换成绩。

(2) 利用公式计算平均值。

(3) 利用 COUNTIF 函数统计分段人数。

(4) 利用公式计算总评成绩。

(5) 利用 RANK 函数排名。

任务实现

1. 利用 IF 函数转换成绩

IF 函数是 Excel 中的常用函数之一,它根据逻辑计算的真假值对数值和公式进行条件检测。

IF 函数语法:IF(Logical_test, Value_if_true, Value_if_false)

参数说明:Logical_testj 是计算结果为 TRUE 或 FALSE 的任意值或表达式,Value_if_true 是 Logical_test 为 TRUE 时返回的值,Value_if_false 是 Logical_test 为 FALSE 时返回的值。

IF 函数中包含 IF 函数的情况叫作 IF 函数的嵌套。

利用 IF 函数将实训成绩由五级制转换为百分制,具体操作如下:

(1) 打开"学生成绩单"工作簿,并将 Sheet 工作表重命名为"原始成绩数据"。

(2) 在"课程成绩"工作表的"实训"列后添加列标题"实训成绩转换",如图 2.2.3 所示。

三论	实训	实训成绩转换

图 2.2.3　添加"实训成绩转换"列

(3) 将光标移至 I3 单元格并输入公式"=IF(H3="优",95,IF(H3="良",85,IF(H3="中", 75,IF(H3="及格",65,55))))",按 Enter 键,将序号为"1"的学生的实训成绩转换成百分制。

(4) 将鼠标移到 I3 单元格的右下角,当鼠标变成黑色实心指针时,按住鼠标左键向下拖动至 I12 单元格,松开鼠标,利用控制句柄将其他学生的实训成绩转换成百分制,如图 2.2.4 所示。

17计算机网络技术1班学生成绩汇总表

序号	学号	姓名	高数	英语	电工	三论	实训	实训成绩转换
1	31012101	石磊	90	87	76	80	良	85
2	31012102	王冕	71	66	82	57	中	75
3	31012103	孙燕	83	55	93	79	良	85
4	31012104	李雷	83	80	85	91	优	95
5	31012105	刘明	51	70	87	62	及格	65
6	31012106	赵倩	88	42	63	77	良	85
7	31012107	王一鸣	94	61	84	52	不及格	55
8	31012108	李大鹏	76	80	70	85	中	75
9	31012109	郑亮	89	92	96	93	优	95
10	31012110	孙坚	78	94	89	90	良	85

图 2.2.4　使用 IF 函数转换后的效果

2. 利用公式计算平均成绩

Excel 公式是 Excel 工作表中进行数值计算的等式。简单的公式有加、减、乘、除等计算。Excel 中的公式遵循一个特定的语法，即最前面是"="，后面是运算符和操作数。每个操作数可以是数值、单元格区域的引用、标志、名称或函数。

按照成绩计算公式，学生的平均成绩是由每门课的成绩乘以对应的学分，相加求和之后除以总学分得到的。操作步骤如下：

（1）在单元格 A15、B15 中分别输入文本"课程名称"和"学分值"。

（2）选择 D2:H2 单元格区域，按 Ctrl+C 组合键，将其复制到剪贴板中。

（3）右击 A16 单元格，在弹出的快捷菜单中选择"选择性粘贴"命令，打开"选择性粘贴"对话框，选中"转置"复选框，如图 2.2.5 所示。单击"确定"按钮，将课程名称粘贴到单元格 A16 开始的列中连续的单元格区域，之后去掉这些单元格的填充颜色，并在相应的单元格中输入学分。

图 2.2.5　"选择性粘贴"对话框

（4）在 A21 单元格中输入文本"总学分"，然后将光标置于单元格 B21 中，切换到"公式"选项卡，在"函数库"功能组中单击"自动求和"按钮，如图 2.2.6 所示。在 B21 单元格中显示"=SUM(B16:B20)"，按 Enter 键，实现用 SUM 求总学分。

（5）选中单元格区域 A15:B21，切换到"开始"选项卡，通过"字体"功能组中的"边框"按钮为此单元格区域添加边框，并设置其中的内容"居中"对齐，结果如图 2.2.7 所示。

课程名称	学分值
高数	4
英语	4
计算机网络基础	2
三论	6
实训	2
总学分	18

图 2.2.6　单击"自动求和"按钮　　　　　　　图 2.2.7　课程学分表

（6）单击 J2 单元格并在其中输入文本"平均成绩"，按 Enter 键后 J3 单元格被选中，根据学生平均成绩计算公式在其中输入公式"=(D3 * \$B\$16+E3*\$B\$17+F3*\$B\$18+G3*\$B\$19+I3*\$B\$20)/\$B\$21"。按 Enter 键，计算出序号为"1"的学生的平均成绩。输入过程中可单击选中课程成绩、学分值所在的单元格，并将对学生的相对引用改为绝对引用。

提示：在公式填充或复制时，COUNTIF 函数区域引用一定要采用绝对引用，方法为按 F4 键，把相对引用改为绝对引用。

（7）利用控制句柄计算出所有学生的平均成绩。

（8）选中单元格区域 A1:J1，单击"开始"→"对齐方式"→"合并后居中"按钮，实现表格标题的居中操作。

（9）选中单元格区域 A2:J12，单击"开始"→"字体"→"边框"按钮，选择"所有线框"为表格添加边框。

（10）选中单元格区域 J3:J12，单击"字体"功能组右下角的小图标按钮，打开"设置单元格格式"对话框，选择"数字"选项卡，选择"分类"列表框中的"数值"选项，其他设置保持默认值，单击"确定"按钮，将平均成绩保留两位小数。

（11）选中单元格区域 D3:G12，选择"开始"选项卡，单击"样式"功能组中的"条件格式"按钮，从下拉列表中选择"清除规则"→"清除所选单元格的规则"选项，如图 2.2.8 所示，删除考试成绩中的条件格式。

图 2.2.8　选择"清除规则"→"清除所选单元格的规则"选项

（12）选中单元格区域 A2:J12，单击两次"对齐方式"组中的"居中对齐"按钮使表格内容居中，如图2.2.9所示。

17计算机网络技术1班学生成绩汇总表

序号	学号	姓名	高数	英语	计算机网络基础	三论	实训	实训成绩转换	平均成绩
1	31012101	石磊	90	87	76	80	良	85	83.89
2	31012102	王冕	71	66	77	57	中	75	66.33
3	31012103	孙燕	83	55	93	79	良	85	76.78
4	31012104	李雷	83	80	85	91	优	95	86.56
5	31012105	刘明	51	80	87	62	及格	65	66.67
6	31012106	赵倩	88	42	63	77	良	85	71.00
7	31012107	王一鸣	94	61	84	52	不及格	55	67.22
8	31012108	李大鹏	76	80	67	85	中	75	78.78
9	31012109	郑亮	94	92	96	96	优	95	94.56
10	31012110	孙坚	78	94	89	90	良	85	87.56

图 2.2.9　表格内容美化后的效果

3. 利用 COUNTIF 函数统计分段人数

COUNTIF 函数是用来统计某个单元格区域中符合指定条件的单元格数目的函数。

COUNTIF 函数语法：COUNTIF (Range,Criteria)

参数说明：Range 表示要计算其中非空单元格数目的区域（为了便于公式的复制，最好采用绝对引用）；Criteria 表示以数字、表达式或文本形式定义的条件。

分段统计考试成绩的人数及比例有助于班主任开展工作。操作步骤如下：

（1）在 D15 开始的单元格区域建立统计分析表，并为该区域添加边框、设置对齐方式，如图 2.2.10 所示。

学生平均成绩分段统计		
分数段	人数	比例
90分以上		
80-89分		
70-79分		
60-69分		
0-59分		
总计		
最高分		
最低分		

图 2.2.10　分段统计表

（2）单击 F17 单元格，选择"公式"选项卡，单击"插入函数"按钮，打开"插入函数"对话框，在"选择函数"列表框中选择 COUNTIF 选项，如图 2.2.11 所示。单击"确定"按钮，打开"函数参数"对话框，将对话框中 Range 文本框内显示的内容修改为$J$3:$J$12，接着在 Criteria 文本框中输入条件"">=90""，如图 2.2.12 所示。单击"确定"按钮，统计出 90 分以上的人数。

（3）利用填充句柄将 F17 单元格中的公式复制到 F18 单元格，将公式中的">=90"改为"- COUNTF($J$3: $J$12,">=90")"，按 Enter 键，统计出平均分在 80～89 之间的人数。

（4）将 F19、F20、F21 单元格中的公式分别设置为 "=COUNTIF($J$3:$J$2,">=70")-COUNTIF($J$3:$J$12">=80")" "=COUNTIF($J$3:$I$12, ">=60")- COUNTIF($J$3:$J$12, ">=70")" "=COUNTIF($J$3,$J$12, "<60")"，统计出各分数段的人数。

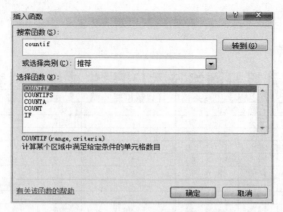

图 2.2.11　选择 COUNTIF 函数

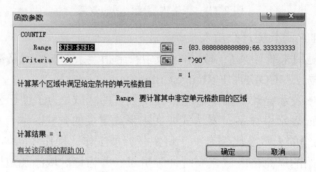

图 2.2.12　设置函数参数

（5）单击 F22 单元格，按 Alt+Enter 组合键（求和的快捷键）求出总计。

（6）单击 G17 单元格，在其中输入公式"=E17/\$E\$22"，按 Enter 键，统计出 90 分以上所占的比例。

（7）利用控制句柄自动填充其他分数段的比例数据。

（8）选中单元格区域 G17:G22，单击"开始"→"数字"→"数字格式"命令，从下拉列表中选择"百分比"选项。单击"确定"按钮，数值均以百分比形式显示。

（9）将光标移到 F23 单元格中，单击"公式"→"函数库"→"自动求和"→"最大值"选项，如图 2.2.13 所示。拖动鼠标选中平均成绩所在的单元格区域 J3:J12，按 Enter 键，计算出平均成绩的最高分。

图 2.2.13　选择"最大值"选项

（10）用同样的方法在 F24 单元格中求出平均成绩的最低分，设置对齐效果后如图 2.2.14 所示。

学生平均成绩分段统计		
分数段	人数	比例
90分以上	1	10.00%
80-89分	3	30.00%
70-79分	3	30.00%
60-69分	3	30.00%
0-59分	0	0.00%
总计	10	100.00%
最高分	94.56	
最低分	66.33	

图 2.2.14　分段统计效果

4. 计算总评成绩

学生的总评成绩是由德、智、体三方面的成绩以 2:7:1 的比例计算的。学生的德育分数是以 100 分为基础，根据学生的出勤、参加集体活动、获奖等情况，以班级制定的加、减分规则积累获得。为了班级之间具有参照性，需要以班级德育分数最高的学生为 100 分，然后按比例换算得到其他同学的分数。操作步骤如下：

（1）打开文件"学生学期总评.xlsx"。

（2）右击 E 列，在弹出的快捷菜单中选择"插入"命令，在"德育"和"文体"之间插入一空列。

（3）单击 E2 单元格，输入文本"德育换算分数"，在 E3 单元格中输入公式"=D3/MAX($D$3:$D$12)*100"，按 Enter 键，换算出该学生的德育分数。

（4）利用控制句柄自动填充其他学生换算后的德育分数。

（5）双击"学生学期总评"工作簿中的 Sheet2 工作表，将其重命名为"总评及排名"，并在 A1 单元格中输入文本"17 计算机网络技术 1 班学生总评成绩及排名"。

（6）将工作表"德育文体分数"中单元格区域 A2:C12 的内容复制到工作表"总评及排名"中以 A2 单元格开始的区域。

（7）在 D2:H2 单元格区域中依次输入文本"德育""智育""文体""总评""排名"。

（8）选择"德育文体分数"工作表中的 E3:E12 单元格区域（即德育换算分数），按 Ctrl+C 组合键进行复制，右击"总评及排名"工作表中的 D3 单元格，在弹出的快捷菜单中单击"粘贴"选项中的"值"按钮，实现德育分数的复制。

（9）选择"学生成绩单"工作簿中"课程成绩"工作表的单元格区域 J3:J12，用同样的方法将数值复制到"学生学期总评"工作簿中"总评及排名"工作表的以 E3 单元格开始的区域。

（10）将工作表"德育文体分数"中单元格区域 A3:C12 的内容复制到工作表"总评及排名"中以 F3 单元格开始的区域。

（11）在工作表"总评及排名"的 G3 单元格中输入公式"=D3*0.2+E3*0.7+F3*0.1"，按 Enter 键，计算出序号为"1"的学生的总评成绩。

（12）利用控制句柄填充其他学生的总评成绩。

5. 利用 RANK 函数排名

RANK 函数的功能是返回某数字在列数字中相对于其他数值的大小排位。

RANK 函数语法：RANK(number, ref, order)

参数说明：number 是需要排名次的单元格名称或数值，ref 是引用单元格（区域），order 是排名的方式，1 表示由小到大，即升序，0 表示由大到小，即降序。

学生总评成绩出来之后就可以利用 RANK 函数进行排序，操作步骤如下：

（1）单击 H3 单元格，单击"名称框"右侧的"插入函数"按钮，如图 2.2.15 所示。

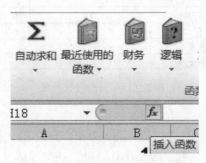

图 2.2.15　单击"插入函数"按钮

（2）在弹出的"插入函数"对话框中选择函数 RANK，单击"确定"按钮，如图 2.2.16 所示，打开"函数参数"对话框。

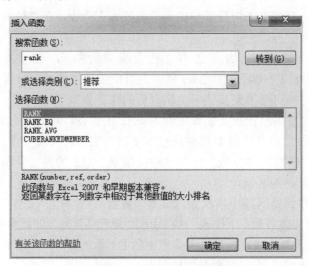

图 2.2.16　"插入函数"对话框

（3）在对话框中分别输入各参数，当光标位于 Number 参数框时单击单元格 G3，选中序号为"1"的学生的总评成绩；之后将光标移至 Ref 参数框，选定区域 G3:G12 并按 F4 键，将其修改为绝对引用；最后将光标移至 Order 参数框，输入 0，如图 2.2.17 所示。单击"确定"按钮，计算出序号为"1"的学生排名。

（4）利用控制句柄填充其他学生的排名。

（5）将 A1:H1 单元格进行合并居中，并设置文本字体为楷体、字号为 22 号。

（6）选中单元格区域 A2:H12，为其设置边框，并将其中的内容"居中"对齐。

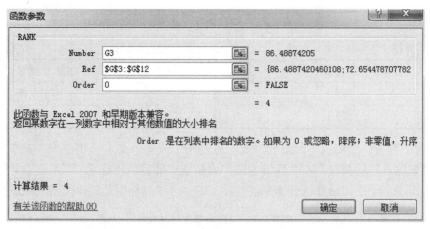

图 2.2.17 "函数参数"对话框

（7）选中单元格区域 D3:G12，为其设置数字格式，将数值保留两位小数。效果如图 2.2.2 所示。

知识拓展

1. Excel 中的公式

（1）公式的概念。

公式是对工作表中的数据进行计算的表达式。利用公式可对同一工作表的各单元格、同一工作簿中不同工作表的单元格以及不同工作簿的工作表中单元格的数值进行加、减、乘、除、乘方等各种运算。

要输入公式必须先输入"="，然后再在其后输入表达式，否则 Excel 会将输入的内容作为文本型数据处理。表达式由运算符和参与运算的操作数组成。运算符可以是算术运算符、比较运算符、文本运算符和引用运算符；操作数可以是常量、单元格引用和函数等。

（2）公式中的运算符。

1）算术运算符。算术运算符有 6 个，如表 2.2.1 所示，其作用是完成基本的数学运算并产生数字结果。

表 2.2.1　算术运算符及其含义

算术运算符	含义	实例
+	加法	A1+A2
-	减法或负数	A1-A2
*	乘法	A1*A2
/	除法	A1/3
%	百分比	60%
^	乘方	2^3

2）比较运算符。比较运算符有 6 个，如表 2.2.2 所示，其作用是比较两个值并得出一个逻辑值，即 True（真）或 False（假）。

表 2.2.2　比较运算符及其含义

比较运算符	含义	比较运算符	含义
>	大于	>=	大于或等于
<	小于	<=	小于或等于
=	等于	<>	不等于

3）文本运算符。使用文本运算符"&"可将两个或多个文本值串起来，产生一个连续的文本值。例如输入"计算机"&"等级考试"会生成"计算机等级考试"。

4）引用运算符。引用运算符有 3 个，如表 2.2.3 所示，其作用是将单元格区域进行合并计算。

表 2.2.3　引用运算符及其含义

算术运算符	含义	实例
:	区域运算符，用于引用单元格区域	A1:D15
,	联合运算符，用于引用多个单元格区域	A1:D15,F5:H15
␣（空格）	交叉运算符，用于引用两个单元格区域的交叉部分	A1:D15 F5:H15

（3）公式中的引用设置。

引用的作用是通过标识工作表中的单元格或单元格区域来指明公式中所使用的数据的位置。通过单元格引用，可以在一个公式中使用工作表不同部分的数据，或者在多个公式中使用同一个单元格的数据，还可以引用同一个工作簿甚至其他工作簿中的数据。当公式中引用的单元格数值发生变化时，公式会自动更新其所在单元格内容，即更新其计算结果。

Excel 提供了相对引用、绝对引用和混合引用三种引用类型。

1）相对引用。相对引用是指引用单元格的相对地址，其引用形式为直接用列标和行号表示单元格，如 B5；或用引用运算符表示单元格区域，如 B5:D15。如果公式所在单元格的位置改变，引用也随之改变。默认情况下，公式使用相对引用。

2）绝对引用。绝对引用是指引用单元格的精确地址，与包含公式的单元格位置无关，其引用形式为在列标和行号的前面都加上"$"符号。例如，若在公式中引用$B$5 单元格，则不论将公式复制或移动到什么位置，引用的单元格地址的行和列都不会改变。

3）混合引用。引用中既包含绝对引用又包含相对引用的称为混合引用，如 A$1、$A1 等，用于表示列变行不变或列不变行变的引用。如果公式所在单元格的位置改变，则相对引用改变，而绝对引用不变。

提示：编辑公式时，输入单元格地址后按 F4 键可在绝对引用、相对引用和混合引用之间切换。

（4）引用相同或不同工作簿中的单元格。

在同一工作簿中，不同工作表中的单元格可以相互引用，表示方法为"工作表名称!单元格（或单元格区域）地址"，如 Sheet2!F8:F16。

（5）引用不同工作簿中的单元格。

在当前工作表中引用不同工作簿中的单元格的表示方法为"[工作簿名称.xlsx]工作表名称! 单元格（或单元格区域）地址"。

2. Excel 中的函数

（1）函数的概念。

函数是预先定义好的表达式，必须包含在公式中。每个函数都由函数名和参数组成，其中函数名表示将执行的操作；参数表示函数将作用的值的单元格地址，通常是一个单元格区域，也可以是更为复杂的内容。在公式中合理使用函数，可以完成诸如求和、逻辑判断和财务分析等数据处理功能。

（2）常用函数。

常用的函数类型和使用范例如表 2.2.4 所示。

表 2.2.4　常用的函数类型和使用范例

函数类型	函数	实例
常用	SUM（求和）、AVERAGE（求平均值）、MAX（求最大值）、MIN（求最小值）、COUNT（计数）等	=AVERAGE(E2:E7)表示求 E2:E7 单元格区域中数字的平均值
日期与时间	DATE（year,month,day）、HOUR（小时数）、SECOND（秒数）、TIME（时间）等	=DATE(C2,D2,E2)表示返回代表特定日期的序列号

（3）特殊函数。

1）SUMIF 函数。

SUMIF 函数可以对区域中符合指定条件的值求和。

语法格式：SUMIF(Range, Criteria, [Sum_range])

参数说明：Range 为条件区域，是用于条件判断的单元格区域；Criteria 是求和条件，是由数字、逻辑表达式等组成的判定条件；Sum_range 为实际求和区域，是需要求和的单元格、区域或引用。

当省略第三个参数时，则条件区域就是实际求和区域。

提示：任何文本条件或任何含有逻辑或数学符号的条件都必须用双引号（"）引起来。如果条件为数字，则无须使用双引号。

例如，选中 F2 单元格，输入公式"=SUMIF(B2:B19,E2,C2:C19)"，直接按 Enter 键即可统计出结果。

2）SUMIFS 函数。

SUMIFS 函数是多条件求和，用于对某一区域内满足多重条件（两个条件以上）的单元格求和。

语法格式：SUMIFS(sum_range, criteria_range1, criteria1, [criteria_range2, criteria2])即SUMIFS(实际求和区域,第一个条件区域,第一个对应的求和条件,第二个条件区域,第二个对应的求和条件,第 N 个条件区域,第 N 个对应的求和条件)

3）OR 函数。

OR 函数判定指定的任一条件是真，即返回真。

语法格式：OR(logical1,logical2,...)

参数说明：logical1,logical2,...为待检测条件 1,待检测条件 2,…，其中待检测条件的值为逻辑值 TRUE 或 FALSE。

4）LEN 函数。

LEN 函数用来测试文本字符串中的字符个数。

语法格式：LEN(TEXT)

参数说明：TEXT 是需要测试的文本字符串或文本字符串所在的单元格名称。

如在 K13 单元格中输入 110115200206200026，测试其字符个数，如 LEN("110115200206200026")=18 或 LEN(K13)=18，表示 K13 单元格中的字符个数为 18。

提示：不支持单元格区域引用，否则返回错误的值。

5）TEXT 函数。

TEXT 函数将一数值转换为按指定数字格式表示的文本。

语法格式：TEXT(value,format_text)

参数说明：Value 表示数值、计算结果为数字值的公式，或对包含数字值的单元格的引用；format_text 是作为用引号引起来的文本字符串的数字格式。

如把单元格 A1 日期转换为"某年某月某日"格式，公式为"=TEXT(A1,"yyyy 年 m 月 d 日")"；把单元格 C2 数值转换为金额大写形式，公式为"=TEXT(C2,"[dbnum2]")"。

提示：确定该参数的内容，一般通过单击"设置单元格格式"对话框"数字"选项卡"类别"框中的"数字""日期""时间""货币"或"自定义"实现并查看显示的格式，可以查看不同的数字格式。

6）DATEDIF 函数。

DATEDIF 函数用来计算两个日期之间的天数、月数或年数。

语法格式：DATEDIF (Start_date,End_date,Unit)

参数说明：Start_date 为一个日期，代表时间段内的第一个日期或起始日期；End_date 为一个日期，代表时间段内的最后一个日期或结束日期；Unit 为所需信息的返回类型，"Y"返回年数，"M"返回月数，"D"返回天数。

如=DATEDIF("2005-5-3","2015-4-10","Y")，即返回 2008-5-3 到 2015-4-10 之间的年数。

7）CONCATENATE 函数。

CONCATENATE 函数用来将多个字符文本或单元格中的数据连接在一起，显示在一个单元格中。

语法格式：CONCATENATE(text1, [text2], ...)

参数说明：text1 为必选，是要连接的第一个文本项；text2 为可选，其他文本项，最多为 255 项。项与项之间必须用逗号隔开。

如在 C14 单元格中输入公式"=CONCATENATE(A14,"@",B14,".com")"，按 Enter 键，即可将 A14 单元格中的字符、@、B14 单元格中的字符和.com 连接成一个整体，显示在 C14 单元格中。

8）LEFT 函数和 RIGHT 函数。

LEFT 函数和 RIGHT 函数用来从第一个字符开始截取用户指定长度的内容。

语法格式：LEFT(text,num_chars)

RIGHT(text,num_chars)

参数说明：text 是包含要提取字符的文本字符串，可以直接输入含有目标文字的单元格名称；num_chars 指定由 LEFT 或 RIGHT 提取的字符数。

如公式"=LEFT(A2,3)"中 A2 表示要截取的数据为 A2 单元格的内容"广东省东莞市东城区","3"表示从第一位开始共截取 3 个字符,因此系统返回"广东省"。

公式"=RIGHT(A2,8)"中 A2 表示要截取的数据为 A2 单元格的内容"广东省东莞市,电话:22222222","8"表示从最后一位开始共截取 8 个字符,因此系统返回"22222222"。

9）MID 函数。

通过 MID 函数,用户可以自行指定开始的位置和字符的长度。

语法格式:MID(text,start_num,num_chars)

参数说明:text 是包含要提取字符的文本字符串,可以直接输入含有目标文字的单元格名称;start_num 是文本中要提取的第一个字符的位置,文本中第一个字符的 start_num 为 1,依此类推;num_chars 指定希望 MID 从文本中返回字符的个数。

如公式"=MID(A2,7,8)"中 A2 表示要截取的数据为 A2 单元格的内容"******19851221****","7"表示从第 7 位开始共截取 8 个字符,因此系统返回用户想截取的生日时间"19851221"。

10）VLOOKUP 函数。

VLOOKUP 函数用来按列查找,最终返回该列所需查询列序所对应的值。

语法格式:VLOOKUP(lookup_value,table_array,col_index_num,range_lookup)

参数说明:lookup_value 为需要在数据表第一列中查找的数值;table_array 为需要在其中查找数据的数据表;col_index_num 为 table_array 中查找数据的数据列序号,col_index_num 为 1 时返回 table_array 第一列的数值,col_index_num 为 2 时返回 table_array 第二列的数值,以此类推;range_lookup 为一个逻辑值,指明函数 VLOOKUP 查找时是精确匹配还是近似匹配。如果为 False 或 0,则返回精确匹配,如果找不到,则返回错误值#N/A;如果为 True 或 1,将查找近似匹配值;如果省略 range_lookup,则默认为近似匹配。

11）COUNTIF 函数。

COUNTIF 函数是 Excel 中对指定区域中符合指定条件的单元格计数的一个函数。

语法格式:COUNTIF(Range,Criteria)

参数说明:Range 为要计算其中非空单元格数目的区域;Criteria 为以数字、表达式或文本形式定义的条件。

使用方法:

返回包含值 12 的单元格数量:=COUNTIF(Range,12)。

返回包含负值的单元格数量:=COUNTIF(Range,"<0")。

返回不等于 0 的单元格数量:=COUNTIF(Range,"<>0")。

返回大于 5 的单元格数量:=COUNTIF(Range,">5")。

返回等于单元格 A1 中内容的单元格数量:=COUNTIF(Range,A1)。

返回大于单元格 A1 中内容的单元格数量:=COUNTIF(Range,">"&A1)。

返回包含文本内容的单元格数量:=COUNTIF(Range,"*")。

返回包含三个字符内容的单元格数量:=COUNTIF(Range,"???")。

返回包含单词 GOOD（不分大小写）内容的单元格数量:=COUNTIF(Range,"GOOD")。

返回在文本中任何位置包含单词 GOOD 字符内容的单元格数量:=COUNTIF (Range,"*GOOD*")。

12）INDEX 函数。

A. 数组形式。

返回表格或区域中的值或值的引用。

语法格式：INDEX(Array,Row_num,Column_num)

参数说明：Array 为单元格区域或数组常量；Row_num 为数组中某行的行号，函数从该行返回数值，如果省略 Row_num，则必须有 Column_num；Column_num 为数组中某列的列标，函数从该列返回数值，如果省略 Column_num，则必须有 Row_num。

Row_num 或 Column_num 为可选参数。如果数组有多行和多列，但只使用 Row_num 或 Column_num，函数 INDEX 返回数组中的整行或整列，且返回值也为数组。

使用方法：如图 2.2.18 所示，根据 A1:D5 单元格区域，使用 INDEX 函数查找 A8 单元格对应的产品名称。

	A	B	C	D
1	销售日期	客户代码	销售员	产品名称
2	2011-9-2	7406	祁红	HR-191树脂
3	2011-9-2	7006	杨明	TP156TT树脂
4	2011-9-2	10101	风玲	T糊
5	2011-9-2	25018	蔡国	苯乙烯
6				
7	销售员	产品名称		
8	风玲	T糊	=INDEX(A4:D4,1,4)	
9		T糊	=INDEX(A4:D4,,4)	
10		T糊	=INDEX(A1:D5,4,4)	
11				

图 2.2.18　INDEX 函数的数组形式

B. 引用形式。

返回指定的行与列交叉处的单元格引用。如果引用由不连续的选定区域组成，可以选择某一选定区域。

语法格式：INDEX(Reference,Row_num,Column_num,Area_num)

参数说明：Reference 为对一个或多个单元格区域的引用。如果为引用输入一个不连续的区域，必须将其用括号括起来。如果引用中的每个区域只包含一行或一列，则相应的参数 Row_num 或 Column_num 分别为可选项。例如，对于单行的引用，可以使用函数 INDEX(Reference,Column_num)。Row_num 为引用中某行的行号，函数从该行返回一个引用。Column_num 为引用中某列的列标，函数从该列返回一个引用。Area_num 为选择引用中的一个区域，返回该区域中 Row_num 和 Column_num 的交叉区域。选中或输入的第一个区域序号为 1，第二个为 2，依此类推。如果省略 Area_num，则函数 INDEX 使用区域 1。

例如，如果引用描述的单元格为(A1:B4,D1:E4,G1:H4)，则 Area_num1 为区域 A1:B4，Area_num2 为区域 D1:E4，而 Area_num3 为区域 G1:H4。

使用方法：如图 2.2.19 所示，选择 B8 单元格，输入 "=INDEX((B3:D6,F3:H6),3,1,2)"，按 Enter 键将显示 "395"。其中 "(B3:D6,F3:H6)" 表示有两个选择区域 "B3:D6" 和 "F3:H6"；",3,1,2" 表示引用第 2 个选择区域内第 3 行第 1 列单元格的内容。

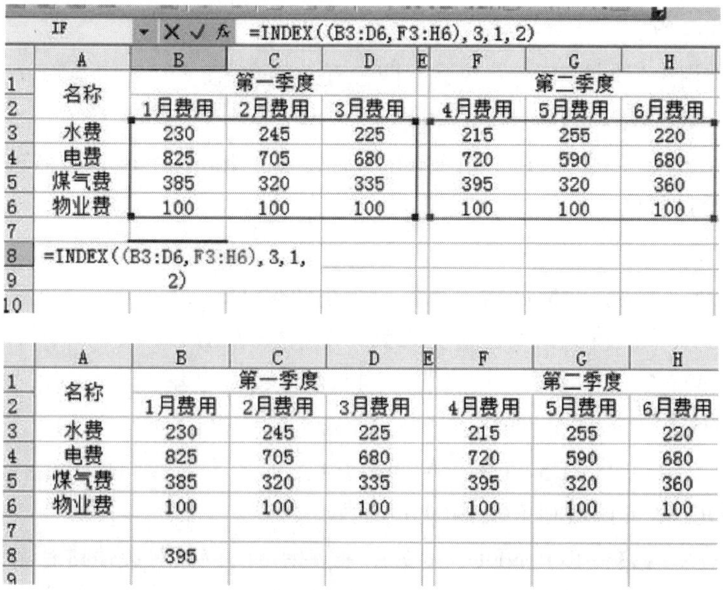

	A	B	C	D	E	F	G	H
1	名称	第一季度				第二季度		
2		1月费用	2月费用	3月费用		4月费用	5月费用	6月费用
3	水费	230	245	225		215	255	220
4	电费	825	705	680		720	590	680
5	煤气费	385	320	335		395	320	360
6	物业费	100	100	100		100	100	100
7								
8	=INDEX((B3:D6,F3:H6),3,1,							
9	2)							
10								

	A	B	C	D	E	F	G	H
1	名称	第一季度				第二季度		
2		1月费用	2月费用	3月费用		4月费用	5月费用	6月费用
3	水费	230	245	225		215	255	220
4	电费	825	705	680		720	590	680
5	煤气费	385	320	335		395	320	360
6	物业费	100	100	100		100	100	100
7								
8		395						
9								

图 2.2.19　INDEX 函数的引用形式

13）INT 函数。

INT 函数用来将一个实数（可以为数学表达式）向下取整为最接近的整数。

语法格式：INT(Number)

参数说明：Number 为需要进行向下舍入取整的实数。

使用方法：

=INT(8.9)：将 8.9 向下舍入到最接近的整数 8。

=INT(-8.9)：将-8.9 向下舍入到最接近的整数-9。

=A2-INT(A2)：返回单元格 A2 中正实数的小数部分 0.5。

提示：使用 INT 函数时注意以下三点：第一，INT 函数是取整；第二，小数部分不进行四舍五入，直接去掉；第三，INT 函数处理负数的小数时总是向上进位，这一点与 TRUNC 函数不同。

14）TRUNC 函数。

TRUNC 函数用来返回某个数的整数部分，将小数部分都截去。

语法格式：TRUNC(Number,Number_digits)

参数说明：Number 为需要截尾取整的数字；Num_digits 用于指定取整精度的数字，默认值为 0。

使用方法：

= TRUNC(89.985,2)：结果是其整数部分 89.98。

= TRUNC(89.985)：结果是其整数部分 89。

= TRUNC(89.985,-1)：结果是其整数部分 90。

提示：第二个参数可以为负数，表示将小数点左边指定位数后面的部分截去，即均以 0 记。与取整类似，比如参数为 1 即取整到十分位；如果是-1 则取整到十位，依此类推。如果所设置的参数为负数，且负数的位数大于整数的字节数，则返回 0，如 TRUNC(89.985,-3)=0。

15）ROUND 函数。

ROUND 函数用来返回按指定位数进行四舍五入的数值。

语法格式：ROUND(Number, Num_digits)

参数说明：Number 为必需项，要四舍五入的数字；Num_digits 为必需项，位数，按此位数对 Number 参数进行四舍五入。

使用方法：

=ROUND(2.15, 1)：将 2.15 四舍五入到一个小数位 2.2。

=ROUND(2.149, 1)：将 2.149 四舍五入到一个小数位 2.1。

=ROUND(-1.475, 2)：将-1.475 四舍五入到两个小数位-1.48。

=ROUND(21.5,0)：将 21.5 四舍五入到整数 22。

=ROUND(21.5, -1)：将 21.5 左侧一位四舍五入 20。

16）ROUNDDOWN 函数和 ROUNDUP 函数。

ROUNDDOWN 函数和 ROUNDUP 函数用来按指定的位数对数值进行舍入。

语法格式：ROUNDDOWN(Number, Num_digits)

ROUNDUP(Number, Num_digits)

参数说明：Number 为必需项，需要向下（或向上）舍入的任意实数。Num_digits 为必需项，四舍五入后的数字的位数。如果 Num_digits 大于 0，则向下舍入到指定的小数位；如果 Num_digits 等于 0，则向下舍入到最接近的整数；如果 Num_digits 小于 0，则在小数点左侧向下舍入。

使用方法：

=ROUNDDOWN(2.149, 1)：将 2.149 向下舍入到 1 位小数 2.1。

=ROUNDDOWN(-1.475, 2)：将-1.475 向下舍入到 2 位小数-1.47。

=ROUNDUP(2.149, 1)：将 2.149 向上舍入到 1 位小数 2.2。

=ROUNDUP(-1.475, 2)：将-1.475 向上舍入到 1 位小数-1.48。

17）RANK 函数。

RANK 函数用来返回一个数字在数字列表中的排位。数字的排位是其值与列表中其他值的比值（如果列表已排过序，则数字的排位就是它当前的位置）。

语法格式：RANK(Number,Ref,Order)

参数说明：Number 为需要排位的数字；Ref 为数字列表数组或对数字列表的引用，非数值型参数可忽略；Order 为一个数字，指明排位的方式，如果为 0 或忽略，降序；如果为非零值，升序。

使用说明：选择单元格 K3，如图 2.2.20 所示。

输入"=RANK(D3,$C$3:$C$12,0)"后按 Enter 键，得到第一个学生的总分排名。

选择单元格 K3，将鼠标指针移动到其右下角的填充柄上，鼠标指针变成"＋"字形，单击鼠标并向下方拖动填充柄，到单元格 D12 处松开鼠标即可得到总成绩排名，如图 2.2.21 所示。

	A	B	C	D
1	高三5班03-04年度第一学期期中考试成绩			
2	考号	姓名	总分	排名
3	20040501	甲	500	
4	20040502	乙	420	
5	20040503	丙	616	
6	20040504	丁	530	
7	20040505	戊	440	
8	20040506	己	602	
9	20040507	庚	517	
10	20040508	辛	447	
11	20040509	壬	557	
12	20040510	癸	493	
13				

期中考试成绩 Sheet1

图 2.2.20　期中考试成绩表

	A	B	C	D
1	高三5班03-04年度第一学期期中考试成绩			
2	考号	姓名	总分	排名
3	20040501	甲	500	6
4	20040502	乙	420	10
5	20040503	丙	616	1
6	20040504	丁	530	4
7	20040505	戊	440	9
8	20040506	己	602	2
9	20040507	庚	517	5
10	20040508	辛	447	8
11	20040509	壬	557	3
12	20040510	癸	493	7

图 2.2.21　应用 RANK 函数后的期中考试成绩表

巩固提高

（1）2018 年高考招生已经结束，招生情况工作表如图 2.2.22 所示。

省份	地级市	院校代码	院校名称	计划数	投档人数	投档分
湖北省	武汉市	1001	武汉财经大	1200	1123	508
湖北省	武汉市	1002	武汉理工大	1580	411	508
湖北省	武汉市	1003	武汉金融大	3000	2804	509
广东省	广州市	1004	广东工业大	6620	6819	524
广东省	广州市	1005	广东金融学	3100	3700	498
广东省	广州市	1006	广东外语外	1909	1947	548
广东省	广州市	1007	广州大学	3494	3599	523
广东省	广州市	1008	广州美术学	200	205	498
广东省	广州市	1009	广州医科大	1348	1388	527
广东省	广州市	1010	广州中医药	1301	1340	519
广东省	广州市	1011	华南理工大	2566	2578	591
广东省	广州市	1012	华南农业大	5000	6000	526
广东省	广州市	1013	华南师范大	1873	1929	555
广东省	广州市	1014	暨南大学	1647	1680	574
河南省	郑州市	1015	郑州大学	2000	3000	541
河南省	郑州市	1016	河南工业大	2462	2487	603
河南省	郑州市	1017	郑州轻工业	1600	2300	552
河南省	郑州市	1018	河南财经政	2187	2209	563
河南省	郑州市	1019	河南警察学	3474	1356	508
河南省	郑州市	1020	中原工学院	2666	3000	508

图 2.2.22　2018 年高考招生情况表

进行如下操作:

1)插入首行并输入文本"2018 年高考招生情况表"。

2)在第二列后插入一列"序号",从 G01 到 G20,用快速填充的方式进行操作。

3)为数据表添加边框,外边框为红色,内边框为浅绿色双实线。

4)将数据表 A3:H23 单元格区域按照"投档分"数据大小进行降序排序,若"投档分"相同,按照"投档人数"进行降序排序,并调整列宽为自动调整。

5)使用统计函数 COUNT,在 D24 单元格计算第一批本科院校的数量。

6)为"投档人数"最少的单元格添加批注"投档人数最少"。

7)复制工作表"投档情况"并重命名为"2018 投档结果",标签颜色为红色。

(2)按照要求对"成绩单工作表"(图 2.2.23)进行编辑和统计操作。

2018年下期高二·三班成绩册

学号	姓名	语文	数学	英语	物理	化学
001	张三	120	140	99	123	67
002	蒋强	78	50	120	110	90
003	王东	64	80	56	50	50
004	谢静	113	50	59	86	56
005	李好	140	113	102	104	140
006	张玉	120	120	105	90	102
007	李四	65	40	90	80	56
008	李小琴	78	60	50	40	30
009	罗玉	95	56	80	79	89
010	王玉龙	96	40	50	50	56
011	张成	78	120	110	102	98
012	李六	102	50	89	100	50
013	伍锐	70	102	98	89	78
014	杨伟	41	45	80	70	50
015	胡乐	89	111	105	90	92
016	余新科	120	78	87	95	96
017	刘琴	120	89	114	108	102
018	王大大	111	120	104	105	100
019	杨阳	93	50	70	48	56
020	蔡琴	96	123	110	120	110
语文成绩最高分						
总成绩最低分						

图 2.2.23 成绩单工作表

操作要求如下:

1)在"化学"列后面分别添加"合计"和"排名"两列,并分别用 SUM 函数和 RANK 函数求出每位同学的总成绩和排名。

2)在表格下方添加"语文成绩最高分"和"总成绩最高分"两行内容,利用 MAX 函数和 MIN 函数分别求出最高分和最低分。

3)为表格添加边框,外边框双实线,内边框单实线、红色。

4)利用表格样式对表格进行美化。

最终效果如图 2.2.24 所示。

2018年下期高二·三班成绩册

学号	姓名	语文	数学	英语	物理	化学	合计	排名
001	张三	120	140	99	123	67	549	3
002	蒋强	78	50	120	110	90	448	10
003	王东	64	80	56	50	50	300	17
004	谢静	113	50	59	86	56	364	14
005	李好	140	113	102	104	140	599	1
006	张玉	120	120	105	90	102	537	5
007	李四	65	40	90	80	56	331	15
008	李小琴	78	60	50	40	30	258	20
009	罗玉	95	56	80	79	89	399	12
010	王玉龙	96	40	50	50	56	292	18
011	张成	78	120	110	102	98	508	7
012	李六	102	50	89	100	50	391	13
013	伍锐	70	102	98	89	78	437	11
014	杨伟	41	45	80	70	50	286	19
015	胡乐	89	111	105	90	92	487	8
016	余新科	120	78	87	95	96	476	9
017	刘琴	120	89	114	108	102	533	6
018	王大大	111	120	104	105	100	540	4
019	杨阳	93	50	70	48	56	317	16
020	蔡琴	96	123	110	120	110	559	2
语文成绩最高分		140						
总成绩最低分		258						

图 2.2.24　操作效果

任务 3　分析员工面试表数据

学习目标

1. 知识目标
- 掌握基本的数据排序方法
- 掌握基本的数据筛选方法
- 掌握分类汇总的操作方法
- 掌握数据透视表和数据透视图的使用方法
- 掌握条件格式的设置方法

2. 能力目标
- 能够掌握并且综合运用数据的排序、筛选及分类汇总
- 能够熟练操作数据透视表及设置条件格式

任务描述

家家乐公司因业务扩大，需要招聘一批新员工，由于参加应聘的人员众多、能力参差不齐，因此需要将面试人员的信息进行汇总分析，从而帮助管理人员从中挑选出适合企业发展的人才。人事处的小王负责此项工作,他需要对其中部分人员的成绩进行修改后对数据进行排序,

筛选出被录用的人员，并按专业进行分类汇总，如图 2.3.1 所示；制作出数据透视表和数据透视图，如图 2.3.2 所示。

	序号	姓名	性别	出生年月	专业	应聘职位	笔试成绩	面试成绩	总成绩
					家家乐公司面试人员汇总表				
3	23	宋欣	男	1984年2月4日	文秘专业	总经理助理	38.64	49.21	87.85
4	6	白净	女	1988年5月21日	文秘专业	文案专员	36.54	46.31	82.85
5	13	圆圆	女	1987年10月29日	文秘专业	总经理助理	27.91	43.56	71.47
6	26	周雪	女	1982年3月6日	文秘专业	文案专员	42.61	43.54	86.15
7	8	赵柳	女	1988年3月26日	文秘专业	文案专员	40.31	42.30	82.61
8	27	郑丽	女	1983年2月16日	文秘专业	文案专员	28.61	40.61	69.22
9	18	田野	女	1988年3月27日	文秘专业	总经理助理	25.32	40.61	65.93
10	17	王兵	男	1984年2月11日	文秘专业	总经理助理	45.31	37.07	82.38
11	25	方乾	男	1983年2月15日	文秘专业	文案专员	48.21	35.24	83.42
12	12	李丽	女	1984年5月6日	文秘专业	文案专员	46.21	33.24	79.45
13	21	武义	男	1989年5月6日	文秘专业	行政主管	40.00	28.61	68.61
14					文秘专业 最大值		48.21	49.21	
15	11	钱多	男	1985年11月5日	计算机应用技术专业	总经理助理	28.64	49.30	77.94
16	3	李文思	女	1995年5月14日	计算机应用技术专业	总经理助理	44.03	48.31	92.34
17	15	李杰	男	1989年8月25日	计算机应用技术专业	行政主管	45.30	46.31	91.61
18	29	赵爽	男	1996年10月10日	计算机应用技术专业	行政主管	46.21	45.91	92.12
19	9	李波	男	1988年8月12日	计算机应用技术专业	总经理助理	41.20	45.61	86.81
20	5	江雪	女	1989年9月30日	计算机应用技术专业	总经理助理	39.00	45.36	84.36
21	28	吴白	男	1984年9月4日	计算机应用技术专业	行政主管	26.85	44.89	71.74
22	10	孔健	男	1986年6月25日	计算机应用技术专业	总经理助理	42.60	44.62	87.22
23	7	李默	女	1986年2月15日	计算机应用技术专业	总经理助理	32.10	42.56	74.66
24					计算机应用技术专业 最大值		46.21	49.30	

图 2.3.1　分类汇总统计图

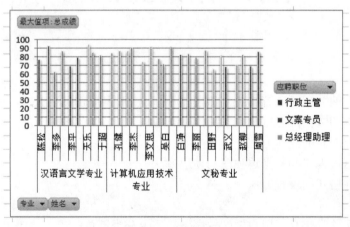

图 2.3.2　数据透视图

任务实现

1. 数据排序

排序是指按指定的字段值重新调整记录的顺序，这个指定的字段称为排序关键字。通常数字由小到大、文本按照拼音字母顺序、日期从最早的日期到最晚的日期的排序称为升序；反之称为降序。另外，若要排序的字段中含有空白单元格，则该行数据总是排在最后。排序分为简单排序和高级排序。简单排序的操作很简单，单击需要排序的列中的任意单元格，然后选择"数据"选项卡，单击"排序和筛选"功能组中的"升序"或"降序"按钮即可，如图 2.3.3 所示。

图 2.3.3　排序按钮

本实例中，当表格中出现相同的数据时，简单排序无法满足实际要求，需要通过高级排序的方式对表格中的"面试成绩"进行降序排序，操作步骤如下：

（1）选择需要排序的单元格区域 A3:I31，单击"数据"→"排序和筛选"功能组中的"排序"按钮，打开"排序"对话框，如图 2.3.4 所示。

图 2.3.4　"排序"对话框

（2）单击"添加条件"按钮，在"主要关键字"下拉列表框中选择"面试成绩"选项，然后在"次序"栏所在的下拉列表框中选择"降序"选项；在"次要关键字"下拉列表框中选择"笔试成绩"选项，然后在"次序"栏所在的下拉列表框中选择"降序"选项，如图 2.3.5 所示。

图 2.3.5　设置排序关键字

（3）返回工作表后，面试成绩将按降序方式进行排列，当遇到相同数据时，再根据笔试成绩进行降序排列，效果如图 2.3.6 所示。

序号	姓名	性别	出生年月	专业	应聘职位	笔试成绩	面试成绩	总成绩
11	钱多	男	1985年11月5日	计算机应用技术专业	总经理助理	28.64	49.30	77.94
23	宋欣	男	1984年2月4日	文秘专业	总经理助理	38.64	49.21	87.85
1	方华	女	1989年3月26日	汉语言文学专业	文案专员	44.30	49.00	93.30
20	天乐	男	1995年3月1日	汉语言文学专业	总经理助理	45.63	48.61	94.24
3	李文思	女	1995年5月14日	计算机应用技术专业	总经理助理	44.03	48.31	92.34
15	李杰	男	1989年8月25日	计算机应用技术专业	行政主管	45.30	46.31	91.61
6	白净	女	1988年5月21日	文秘专业	文案专员	36.54	46.31	82.85
16	罗王	男	1982年6月8日	汉语言文学专业	行政主管	33.24	46.21	79.45
29	赵爽	男	1996年10月10日	计算机应用技术专业	行政主管	46.21	45.91	92.12
9	李波	男	1988年8月12日	计算机应用技术专业	总经理助理	41.20	45.61	86.81
2	田地	女	1993年6月13日	汉语言文学专业	行政主管	40.04	45.61	85.65

图 2.3.6 排序后的效果

2. 数据筛选

数据筛选是指隐藏不希望显示的数据，而只显示指定条件的数据行的过程。Excel 提供的自动筛选和高级筛选功能能快速而方便地从大量数据中查询出需要的信息。

本实例中要求筛选出总成绩在 80 分以上的面试人员，操作步骤如下：

（1）单击数据区域的任意单元格，选择"数据"选项卡，单击"排序和筛选"功能组中的"筛选"按钮，表格中每个标题右侧将显示"自动筛选"按钮，如图 2.3.7 所示。

序号	姓名	性别	出生年月	专业	应聘职位	笔试成绩	面试成绩	总成绩
23	宋欣	男	1984年2月4日	文秘专业	总经理助理	38.64	49.21	87.85
6	白净	女	1988年5月21日	文秘专业	文案专员	36.54	46.31	82.85
13	圆圆	女	1987年10月29日	文秘专业	总经理助理	27.91	43.56	71.47
26	周雪	女	1982年3月6日	文秘专业	文案专员	42.61	43.54	86.15
8	赵柳	女	1988年3月26日	文秘专业	文案专员	40.31	42.30	82.61
27	郑丽	女	1983年2月16日	文秘专业	文案专员	28.61	40.61	69.22
18	田野	女	1988年3月27日	文秘专业	总经理助理	25.32	40.61	65.93
17	王兵	男	1984年2月11日	文秘专业	总经理助理	45.31	37.07	82.38
25	方乾	女	1983年2月16日	文秘专业	文案专员	48.21	35.21	83.42
12	李丽	女	1984年5月6日	文秘专业	文案专员	46.21	33.24	79.45

图 2.3.7 "自动筛选"按钮

（2）单击"总成绩"右侧的下拉按钮，从下拉菜单中选择"数字筛选"→"大于或等于"命令，如图 2.3.8 所示。

图 2.3.8　选择自动筛选命令

打开"自定义自动筛选方式"对话框,如图 2.3.9 所示,在"大于或等于"右侧的下拉列表框中选择 80。单击"确定"按钮,实现对总成绩的自动筛选,效果如图 2.3.10 所示。

图 2.3.9　"自定义自动筛选方式"对话框

家家乐公司面试人员汇总表

序号	姓名	性别	出生年月	专业	应聘职位	笔试成绩	面试成绩	总成绩
23	宋欣	男	1984年2月4日	文秘专业	总经理助理	38.64	49.21	87.85
6	白净	女	1988年5月21日	文秘专业	文案专员	36.54	46.31	82.85
26	周雪	女	1982年3月6日	文秘专业	文案专员	42.61	43.54	86.15
8	赵柳	女	1988年3月26日	文秘专业	文案专员	40.31	42.30	82.61
17	王兵	男	1984年2月11日	文秘专业	总经理助理	45.31	37.07	82.38
25	方乾	女	1983年2月15日	文秘专业	文案专员	48.21	35.21	83.42
3	李文思	女	1995年5月14日	计算机应用技术专业	总经理助理	44.03	48.31	92.34
15	李杰	男	1989年8月25日	计算机应用技术专业	行政主管	45.30	46.31	91.61
29	赵爽	女	1996年10月10日	计算机应用技术专业	行政主管	46.21	45.91	92.12
9	李波	男	1988年8月12日	计算机应用技术专业	行政主管	41.20	45.61	86.81
5	江雪	女	1989年9月30日	计算机应用技术专业	总经理助理	39.00	45.36	84.36
10	孔健	男	1986年6月25日	计算机应用技术专业	总经理助理	42.60	44.62	87.22
1	方华	女	1989年3月26日	汉语言文学专业	文案专员	44.30	49.00	93.30
20	天乐	男	1995年3月1日	汉语言文学专业	总经理助理	45.63	48.61	94.24
2	田地	女	1993年6月13日	汉语言文学专业	行政主管	40.04	45.61	85.65
4	于超	男	1990年3月20日	汉语言文学专业	行政主管	37.00	45.30	82.30
14	李家	女	1983年9月15日	汉语言文学专业	行政主管	42.10	45.20	87.30

图 2.3.10　自动筛选后的效果

自动筛选只能对某列数据进行两个条件的筛选，并且不同列之间同时筛选时，只能是"与"关系。对于其他筛选条件，如需筛选出总成绩在 80 分以上或为计算机专业的面试人员，此时就要使用高级筛选功能，具体操作如下：

（1）将单元格区域 A2:I2 复制到单元格区域 K2:S2。在 O3 单元格中输入"计算机专业"，在 S4 单元格中输入">=80"，即可建立起条件区域，如图 2.3.11 所示。

K	L	M	N	O	P	Q	R	S
序号	姓名	性别	出生年月	专业	应聘职位	笔试成绩	面试成绩	总成绩
				计算机专业				
								>=80

图 2.3.11　指定高级筛选条件

（2）单击数据区域中的任意单元格，选择"数据"选项卡，在"排序和筛选"功能组中单击"高级筛选"按钮，打开"高级筛选"对话框。

（3）在"方式"栏内选中"将筛选结果复制到其他位置"单选按钮（如选中"在原有区域显示筛选结果"单选按钮，则不用指定"复制到"区域）。

（4）在"列表区域"文本框中，指定要进行高级筛选的数据区域$A$2:$I$31。

（5）将光标移至"条件区域"中，然后拖动鼠标指定包括列标题在内的条件区域$K$2:$S$4。

（6）将光标移至"复制到"中，然后单击筛选结果复制到的起始单元格$K$6。

（7）若要从结果中排除相同的行，则选中"选择不重复的记录"复选框，如图 2.3.12 所示。

图 2.3.12　选中"选择不重复的记录"复选框

（8）单击"确定"按钮，完成高级筛选，结果如图 2.3.13 所示。

3．按专业汇总面试成绩

分类汇总是指根据指定的类别将数据以指定的方式进行统计，进而快速汇总与分析大型表格中的数据，获得所需的统计结果。注意，在插入分类汇总前，需要将数据区域按关键字排序。操作步骤如下：

（1）单击"数据"→"排序和筛选"→"筛选"按钮，取消上一步的自动筛选状态。

（2）单击 E2 单元格，然后单击"排序和筛选"功能组中的"降序"按钮。

序号	姓名	性别	出生年月	专业	应聘职位	笔试成绩	面试成绩	总成绩
				计算机专业				
								>=80
序号	姓名	性别	出生年月	专业	应聘职位	笔试成绩	面试成绩	总成绩
11	钱多	男	1985年11月5日	计算机应用	总经理助理	28.64	49.30	77.94
23	宋欣	男	1984年2月4日	文秘专业	总经理助理	38.64	49.21	87.85
1	方华	女	1989年3月26日	汉语言文学	文案专员	44.30	49.00	93.30
20	天乐	男	1995年3月1日	汉语言文学	总经理助理	45.63	48.61	94.24
3	李文思	女	1995年5月14日	计算机应用	总经理助理	44.03	48.31	92.34
15	李杰	男	1989年8月25日	计算机应用	行政主管	45.30	46.31	91.61
6	白净	女	1988年5月21日	文秘专业	文案专员	36.54	46.31	82.85
16	罗王	男	1982年6月8日	汉语言文学	行政主管	33.24	46.21	79.45
29	赵爽	男	1996年10月10日	计算机应用	行政主管	46.21	45.91	92.12
9	李波	男	1988年8月12日	计算机应用	总经理助理	41.20	45.61	86.81
2	田地	女	1993年6月13日	汉语言文学	行政主管	40.04	45.61	85.65
5	江雪	女	1989年9月30日	计算机应用	总经理助理	39.00	45.36	84.36
4	于超	男	1990年3月20日	汉语言文学	行政主管	37.00	45.30	82.30
14	李家	女	1983年9月15日	汉语言文学	行政主管	42.10	45.20	87.30
19	陈松	男	1984年12月6日	汉语言文学	行政主管	32.20	45.20	77.40
28	吴白	男	1984年9月4日	计算机应用	行政主管	26.85	44.89	71.74

图 2.3.13　高级筛选的结果

（3）单击"分级显示"功能组中的"分类汇总"按钮，弹出"分类汇总"对话框，如图 2.3.14 所示。

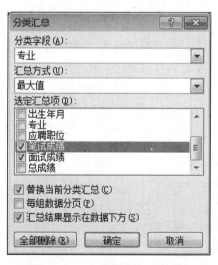

图 2.3.14　"分类汇总"对话框

（4）在"分类字段"下拉列表框中选择"专业"选项，在"汇总方式"下拉列表框中选择"最大值"选项，在"选定汇总项"列表框中只选中"面试成绩"和"笔试成绩"复选框。

（5）单击"确定"按钮，实现对面试成绩表按"专业"分类汇总出"笔试成绩"和"面试成绩"的最大值，效果如图 2.3.15 所示。

	序号	姓名	性别	出生年月	专业	应聘职位	笔试成绩	面试成绩	总成绩
						家家乐公司面试人员汇总表			
3	23	宋欣	男	1984年2月4日	文秘专业	总经理助理	38.64	49.21	87.85
4	6	白净	女	1988年5月21日	文秘专业	文案专员	36.54	46.31	82.85
5	13	圆圆	女	1987年10月29日	文秘专业	总经理助理	27.91	43.56	71.47
6	26	周雪	女	1982年3月6日	文秘专业	文案专员	42.61	43.54	86.15
7	8	赵柳	女	1988年3月26日	文秘专业	文案专员	40.31	42.30	82.61
8	27	郑丽	女	1983年2月16日	文秘专业	文案专员	28.61	40.61	69.22
9	18	田野	女	1988年3月27日	文秘专业	总经理助理	25.32	40.61	65.93
10	17	王兵	男	1984年2月11日	文秘专业	总经理助理	45.31	37.07	82.38
11	25	方乾	女	1983年2月15日	文秘专业	文案专员	48.21	35.21	83.42
12	12	李丽	女	1984年5月6日	文秘专业	文案专员	46.21	33.24	79.45
13	21	武义	男	1989年5月6日	文秘专业	行政主管	40.00	28.61	68.61
14					文秘专业 最大值		48.21	49.21	
15	11	钱多	男	1985年11月5日	计算机应用技术专业	总经理助理	28.64	49.30	77.94
16	3	李文思	女	1995年5月14日	计算机应用技术专业	总经理助理	44.03	48.31	92.34
17	15	李杰	男	1989年8月25日	计算机应用技术专业	行政主管	45.30	46.31	91.61
18	29	赵爽	男	1996年10月10日	计算机应用技术专业	行政主管	46.21	45.91	92.12
19	9	李波	男	1988年8月12日	计算机应用技术专业	总经理助理	41.20	45.61	86.81
20	5	江雪	女	1989年9月30日	计算机应用技术专业	总经理助理	39.00	45.36	84.36
21	28	吴白	男	1984年9月4日	计算机应用技术专业	行政主管	26.85	44.89	71.74
22	10	孔健	男	1986年6月25日	计算机应用技术专业	总经理助理	42.60	44.62	87.22
23	7	李默	女	1986年2月15日	计算机应用技术专业	总经理助理	32.10	42.56	74.66
24					计算机应用技术专业 最大值		46.21	49.30	

图 2.3.15 分类汇总的效果

4. 创建数据透视表和数据透视图

数据透视表是一种对大量数据快速汇总和建立交叉表的交互式表格,用户可以转换行以查看数据源的不同汇总结果,可以显示不同页面以筛选数据,还可以根据需要显示区域中的明细数据。

数据透视图是以图形形式表示的数据透视表,既可以像数据透视表一样更改其中的数据,还可以将数据以图表的形式直观地表现出来。

本实例中数据透视表与数据透视图的创建步骤如下:

(1)单击数据区域的任意单元格,选择"插入"选项卡,在"表格"功能组中单击"数据透视表"按钮,弹出"创建数据透视表"对话框,如图 2.3.16 所示。

图 2.3.16 "创建数据透视表"对话框

（2）单击"确定"按钮，进入数据透视表设计环境。从"选择要添加到报表的字段"列表框中将"专业"和"姓名"字段拖到行字段区域，将"应聘职位"字段拖到列字段，将"总成绩"字段拖到"数值"区域。

（3）在工作表中单击文本"求和项:总成绩"所在的单元格，选择"选项"选项卡，在"活动字段"功能组中单击"字段设置"按钮，打开"值字段设置"对话框。

（4）选择"值汇总方式"选项卡，选中"值字段汇总方式"列表框中的"最大值"选项，如图 2.3.17 所示。

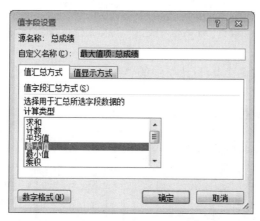

图 2.3.17　值字段设置

（5）单击"确定"按钮，完成数据透视表的设置，效果如图 2.3.18 所示。

最大值项:总成绩		应聘职位			
专业	姓名	行政主管	文案专员	总经理助理	总计
⊟汉语言文学专业	陈松	77.4			77.4
	方华		93.3		93.3
	李多	63.09			63.09
	李家	87.3			87.3
	李平	69.44			69.44
	罗王	79.45			79.45
	天乐			94.24	94.24
	田地	85.65			85.65
	于超	82.3			82.3
汉语言文学专业 汇总		87.3	93.3	94.24	94.24
⊟计算机应用技术专业	江雪			84.36	84.36
	孔健			87.22	87.22
	李波			86.81	86.81
	李杰	91.61			91.61
	李默			74.66	74.66
	李文思			92.34	92.34
	钱多			77.94	77.94
	吴白	71.74			71.74
	赵爽	92.12			92.12
计算机应用技术专业 汇总		92.12		92.34	92.34
⊟文秘专业	白净		82.85		82.85
	方乾		83.42		83.42
	李丽		79.45		79.45
	宋欣			87.85	87.85
	田野			65.93	65.93
	王兵			82.38	82.38
	武义	68.61			68.61
	圆圆			71.47	71.47
	赵柳		82.61		82.61
	郑丽		69.22		69.22
	周雪		86.15		86.15
文秘专业 汇总		68.61	86.15	87.85	87.85
总计		92.12	93.3	94.24	94.24

图 2.3.18　数据透视表的效果

（6）选择数据透视表中的任意单元格，然后选择"数据透视表工具/选项"选项卡，单击"工具"功能组中的"数据透视图"按钮，如图 2.3.19 所示。

图 2.3.19 "数据透视图"按钮

（7）在弹出的"插入图表"对话框中选择"簇状柱形图"选项，单击"确定"按钮，在表格中插入数据透视图表。

（8）单击"数据透视图工具/设计"中的"图标样式 12"按钮，效果如图 2.3.20 所示。

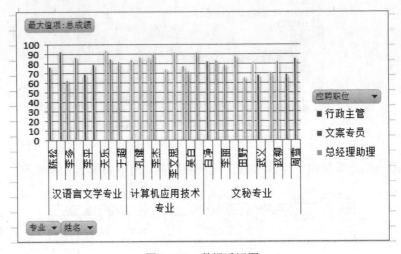

图 2.3.20 数据透视图

知识拓展

1. 数据排序

数据排序的功能是按一定的规则对数据进行整理和排列，为进一步处理数据做好准备。Excel 2010 提供了多种对表格进行排序的方法，既可以按升序或降序进行排序，也可以按用户自定义的方式进行排序。

（1）排序方法。

数据排序是一种常用的表格操作方式，通过排序可以对工作表进行数据重组，提供有用的信息。例如，每月商品的销量排名情况就需要对商品销售数量进行排序，从中可以得出卖得最好的商品或卖得最差的商品。

最简单的排序操作是使用"数据"→"排序和筛选"命令。在"排序和筛选"组中有两个按钮，标有 AZ 与向下箭头的按钮用于按升序方式排序，标有 ZA 与向下箭头的按钮用于按降序方式排序。选中表格或数据区域的某一列后，即可单击这两个按钮进行升序或降序排序，如图 2.3.21 所示。

图 2.3.21　排序按钮

对于数据内容较多的表格或数据区域，或者只想对某区域进行排序，可以使用"排序"按钮进行操作。操作时，屏幕上将显示如图 2.3.22 所示的"排序"对话框，条件的字段包括列、排序依据和次序。可以通过添加条件进行排序，或删除不需要的条件，还可以通过复制条件快速输入条件。

图 2.3.22　"排序"对话框

各选项的功能如下：

1）列：排序的列有"主要关键字"和"次要关键字"两种。"主要关键字"只允许设置一个，并且一定是第一个条件；次要关键字则可以添加多个。如果设置了多个条件，即包括"主要关键字"和"次要关键字"，Excel 首先按"主要关键字"进行排序。如果前面设置的"主要关键字"列中出现了重复项，就按"次要关键字"来排序重复的部分。

2）排序依据：包括数值、单元格颜色、字体颜色、单元格图标等，默认选择数值。

3）次序：可按升序、降序和自定义序列排序，默认为升序。

4）数据包含标题：在数据排序时，是否包含标题行。

（2）排序规则。

按递增方式排序的数据类型及其数据的顺序如下：

1）数字：根据其值的大小从小到大排序。

2）文本和包含数字的文本：按字母顺序对文本项进行排序。Excel 从左到右一个字符一个字符地依次比较，如果对应位置的字符相同，则进行下一位置的字符比较，一旦比较出大小，就不再比较后面的字符。如果所有的字符均相同，则参与比较的文本就相等。字符的顺序是 0 1 2 3 4 5 6 7 8 9（空格）! " # $ % & ' ( ) * + , - . / :; < => ? @ [ ] ^ _ | ~ A B C D E F G H I J K L M N O P Q R S T U V W X Y Z。排序时，可根据需要设置是否区分字母的大小写，默认英文字母不区分大小写。

3）逻辑值：False 排在 True 之前。

4）错误值：所有的错误值都是相等的。

5）空白（不是空格）：空白单元格总是排在最后。

6）汉字：汉字有两种排序方式，一种是按照汉语拼音的字典顺序进行排序，如"手机"与"储存卡"按拼音升序排序时，"储存卡"排在"手机"前面；另一种排序方式是按笔画排序，以笔画的多少作为排序的依据，如以笔画升序排序，"手机"应排在"储存卡"前面。

递减排序的顺序与递增顺序恰好相反，但空白单元格仍将排在最后。日期、时间也当作文字处理，根据它们内部表示的基础值排序。

2. 数据筛选

数据筛选是一种用于查找数据的快速方法，筛选将表格或数据区域中所有不满足条件的记录暂时隐藏起来，只显示满足条件的数据行，以供用户浏览和分析。Excel 提供了自动筛选和高级筛选两种方式。

（1）自动筛选。

自动筛选为用户提供了在具有大量记录的表格或数据区域中快速查找符合某些条件的记录的功能，自动筛选的下拉菜单如图 2.3.23 所示。筛选后只显示出包含符合条件的数据行，而隐藏其他行。

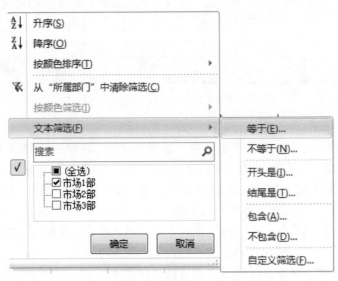

图 2.3.23　自动筛选的下拉菜单

1）（全选）：显示出表格中的所有数据，相当于不进行筛选。

2）市场 1 部、市场 2 部、市场 3 部：是"类别"列中的所有数据，通过选中或者取消选中某个复选框即可对表格进行筛选。

3）文本筛选：自定义自动筛选方式，通过设定比较条件进行筛选，Excel 会自动根据单元格格式显示该菜单项。例如单击"销售数量"列的下拉按钮，该项显示为"数字筛选"；单击"售出日期"列的下拉按钮，则显示为"日期筛选"。

4）搜索文本框：可以非常智能地搜索筛选数据。在"搜索"文本框中输入关键词即可智能地搜索出目标数据。

（2）高级筛选。

自定义筛选只能完成条件简单的数据筛选，如果筛选的条件比较复杂，自定义筛选就会显得比较麻烦。对于筛选条件较多的情况，可以使用高级筛选功能来处理。

使用高级筛选功能，必须先建立一个条件区域，用来指定筛选条件。条件区域的第一行是所有作为筛选条件的字段名，这些字段名与表格中的字段名必须一致，条件区域的其他行则输入筛选条件。需要注意的是，条件区域和表格不能连接，必须用空行或空列将其隔开。

条件区域的构造规则是：同一列中的条件是"或"，同一行中的条件是"与"。

例如，我们使用自动筛选的自定义方式查询"销售数量"大于 3、"所属部门"为市场 1 部、"销售金额"大于 1000 的销售记录，要进行三步筛选才能够得到结果，现在我们可以使用高级筛选进行查询，步骤如下：

1）列出高级筛选的条件内容，如图 2.3.24 所示。

2）单击数据表中的任一单元格，单击"数据"→"排序和筛选"→"高级"按钮，如图 2.3.25 所示。

销售金额			
1472		筛选条件	
1704	销售数量	所属部门	销售金额
568	>3	市场1部	>1000
1952			

图 2.3.24 列出高级筛选的条件

图 2.3.25 高级筛选菜单

3）在弹出的"高级筛选"对话框中设置列表区域、条件区域及复制到区域，如图 2.3.26 所示。

图 2.3.26 "高级筛选"对话框

4）单击"确定"按钮，结果如图 2.3.27 所示。

34	销售日期	地区	产品型号	产品名称	产品单价	销售数量	经办人	所属部门	销售金额
35	2015/3/12	北京	A01	卡特扫描枪	368	4	许丹	市场1部	1472
36	2015/3/9	广州	A03	卡特报警器	488	4	刘惠	市场1部	1952
37	2015/3/8	广州	B03	卡特报警系统	1988	4	张琦	市场1部	7952
38	2015/3/1	广州	A01	卡特扫描枪	368	4	张琦	市场1部	1472
39	2015/3/16	广州	A01	卡特扫描枪	368	5	许丹	市场1部	1840
40	2015/3/20	广州	B01	卡特扫描系统	988	4	刘惠	市场1部	3952
41	2015/3/14	上海	A03	卡特报警器	488	4	刘惠	市场1部	1952
42	2015/3/5	上海	A031	卡特定位报警器	688	4	刘惠	市场1部	2752

图 2.3.27 高级筛选的部分结果

3. 分类汇总

分类汇总是对数据区域指定的行或列中的数据进行汇总统计，统计的内容可以由用户指定，通过折叠或展开行、列数据和汇总结果，从汇总和明细两种角度显示数据，可以快捷地创建各种汇总报告。

Excel 可自动计算数据区域中的分类汇总和总计值。当插入自动分类汇总时，Excel 将分级显示表格，以便为每个分类汇总显示或隐藏明细数据行。Excel 分类汇总的数据折叠层次最多可达 8 层。

若要插入自动分类汇总，必须先对数据区域进行排序，将要进行分类汇总的行组合在一起，然后为包含数字的数据列计算分类汇总。

分类汇总为分析汇总数据提供了非常灵活有用的方式，它可以显示一组数据或多组数据的分类汇总及总和，还可以在分组数据上完成不同的计算，如求和、统计个数、求平均值（或最大值、最小值）、求总体方差等。

（1）创建分类汇总。

在创建分类汇总之前，首先保证要进行分类汇总的数据区域必须是一个连续的数据区域，而且每个数据列都有列标题，然后对要进行分类汇总的列进行排序。这个排序的列标题称为分类汇总关键字，分类汇总时只能指定排序后的列标题为汇总关键字。

（2）删除分类汇总。

由于某种原因，需要取消分类汇总的显示结果，恢复到数据区域的初始状态，操作步骤如下：

1）单击分类汇总数据区域中的任一单元格。

2）选择"数据"→"分级显示"→"分类汇总"命令，打开"分类汇总"对话框。

3）单击对话框中的"全部删除"按钮。

经过以上步骤后，数据区域中的分类汇总就被删除了，恢复成汇总前的数据，第 3）步中的"全部删除"按钮只会删除分类汇总，不会删除原始数据。

4. 数据透视表

数据透视表是一种对大量数据快速汇总和建立交叉列表的交互式表格，不仅能够改变行和列以查看源数据的不同汇总结果，还可以显示不同页面以筛选数据，可以根据需要显示区域中的明细数据。

（1）数据透视表的用途。

数据透视表是专门针对以下情况设计的：

● 以多种用户友好方式查询大量数据。

● 对数值数据进行分类汇总和聚合，按分类和子分类对数据进行汇总，创建自定义计算和公式。

● 展开和折叠要关注结果的数据级别，查看感兴趣区域汇总数据的明细。

● 将行移动到列或将列移动到行（或"透视"），以查看源数据的不同汇总。

● 对最有用和最关注的数据子集进行筛选、排序、分组和有条件地设置格式，使用户能够关注所需的信息。

● 提供简明、有吸引力并且带有批注的联机报表或打印报表。

（2）数据透视表的常用述语。

数据透视表是通过对源数据表的行、列进行重新排列来提供多角度的数据汇总信息。用户可以旋转行和列以查看源数据的不同汇总，还可以根据需要显示感兴趣区域的明细数据。在使用数据透视表进行分析之前，应先掌握数据透视表的术语，如表 2.3.1 所示。

表 2.3.1　数据透视表的常用术语

术语	含义
坐标轴	数据透视表中的维，如行、列或页
数据源	为数据透视表提供数据的数据区域或数据库
字段	数据区域中的列标题
项	组成字段的成员，即某列单元格中的内容
概要函数	用来计算表格中数据的值函数。默认的概要函数是用于数字值的 SUM 函数、用于统计文本个数的 COUNT 函数
透视	通过重新确定一个或多个字段的位置来重新安排数据透视表

（3）制作数据透视表的注意事项。

制作数据透视表的工作表数据必须是一个数据清单。所谓数据清单，就是在工作表数据区域的顶端行为字段名称（标题），以后各行为数据（记录），并且各列只包含一种类型数据的数据区域。这种结构的数据区域就相当于一个保存在工作表中的数据库。在制作数据透视表之前，应该按照以下 7 点来检查数据区域，如果不满足其中的要求，需要先整理工作表数据使之规范：

- 数据区域的顶端行为字段名称（标题）。
- 避免在数据清单中有空行和空列。所谓空行，是指在某行的各列没有任何数据。如果某行的某些列没有数据，但其他列有数据，那么该行就不是空行。空列同理。
- 各列只包含一种类型的数据。
- 避免在数据清单中出现合并单元格。
- 避免在单元格的开始和末尾有空格。
- 尽量避免在一张工作表中建立多个数据清单，每张工作表最好仅使用一个数据清单。
- 工作表的数据清单应至少与其他数据之间留出一个空列和一个空行，以便于检测和选定数据清单。

（4）创建透视表。

1）单击数据源中的任意一个单元格。

2）单击"插入"→"表格"→"数据透视表"→"数据透视表"命令，如图 2.3.28 所示，弹出"创建数据透视表"对话框，如图 2.3.29 所示。

3）在"创建数据透视表"对话框中选择一个表或区域，并选择放置数据透视表的位置，一般默认放在新工作表中。单击"确定"按钮后如图 2.3.30 所示，选择要添加的报表的字段列表。

图 2.3.28　插入数据透视表

图 2.3.29　"创建数据透视表"对话框

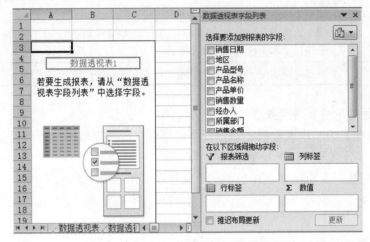

图 2.2.30　选择要添加的报表的字段列表

数据透视表字段列表中的 4 个区域如下：

● 报表筛选：添加字段到报表筛选区可以使该字段包含在数据透视表的筛选区域中，以便对其独特的数据项进行筛选。

● 列标签：添加一个字段到列标签区域，可以在数据透视表顶部显示来自该字段的独特的值。

● 行标签：添加一个字段到行标签区域，可以沿数据透视表左边的整个区域显示来自该字段的独特的值。

● 数值：添加一个字段"数值"区域，可以使该字段包含在数据透视表的值区域中，并使用该字段中的值进行指定的计算。

4）在"数据透视表字段列表"中可以通过选择字段并拖放到"行标签""列标签""数值"和"报表筛选"中来创建数据透视表的布局，如图 2.3.31 所示。

5. 数据透视图

数据透视图以图形形式表示数据透视表中的数据。数据透视图是交互式的，可以对其进行排序或筛选来显示数据透视表数据的子集。创建数据透视图时，数据透视图筛选器会显示在图表区中，以便对数据透视图中的基本数据进行排序和筛选。在相关联的数据透视表中对字段布局和数据所作的更改会立即反映在数据透视图中。

图 2.3.31　添加字段列表后的报表

数据透视图的创建方法如下：

（1）单击"插入"→"表格"→"数据透视表"→"数据透视图"命令，在弹出的"创建数据透视表及数据透视图"对话框中设置数据源区域和放置位置，如图 2.3.32 所示。

图 2.3.32　"创建数据透视表及数据透视图"对话框

（2）单击"确定"按钮，生成数据透视图和数据透视表，如图 2.3.33 所示。

图 2.3.33　创建的数据透视表及数据透视图

（3）在"数据透视表字段列表"中可以通过选择字段并拖放到"图例字段（系列）""轴字段（分类）""数值"和"报表筛选"中来创建数据透视图的布局，如图 2.3.34 所示。

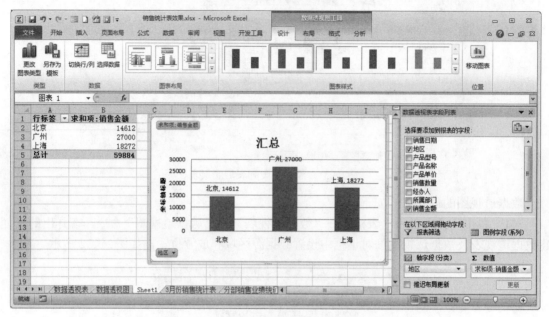

图 2.3.34　添加字段列表的数据透视图样式

（4）更改图表类型。单击"数据透视图工具/设计"→"更改图表类型"按钮，打开"更改图表类型"对话框，如图 2.3.35 所示，可以设置数据透视图的图表类型。

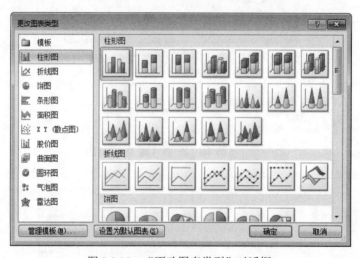

图 2.3.35　"更改图表类型"对话框

（5）更改图表样式。在"数据透视图工具/设计"→"图表样式"列表框中选择需要的样式。

6. 条件格式

使用 Excel 中的条件格式功能可以预置一种单元格格式，并在指定的某种条件被满足时自动应用于目标单元格。可以预置的单元格格式包括边框、底纹、字体颜色等。可以根据用户的要求快速对特定单元格进行必要的标识，以起到突出显示的作用。

例如图 2.3.36 中的产品销售额，快速找出所有与"防水键盘"相关的销售数据。

	A	B	C	D	E
1		日期	项目	销售额	成本核算
2		2006/6/1	微软无线鼠标 迅雷鲨6000	10025	8832
3		2006/6/2	微软光电鼠标	4403	4403
4		2006/6/3	微软激光鼠标 暴雷鲨6000	9560	9560
5		2006/6/4	人体工学键盘	5227	5227
6		2006/6/5	防水键盘	7869	7869
7		2006/6/6	立体声蓝牙耳机 H820	5550	5550
8		2006/6/7	蓝牙耳机 A400	7367	7367
9		2006/6/8	防水键盘	3711	3711
10		2006/6/9	防水键盘	7500	6928
11		2006/6/10	无线人体工学键盘	5906	5906
12		2006/6/11	微软无线鼠标 迅雷鲨6000	8057	8057
13		2006/6/12	微软激光鼠标 暴雷鲨6000	1683	1683
14		2006/6/13	微软光电鼠标	6605	6605
15		2006/6/14	立体声蓝牙耳机 H820	4957	4957
16		2006/6/15	微软无线鼠标 迅雷鲨6000	6500	5012
17		2006/6/16	微软激光鼠标 暴雷鲨6000	5282	5282
18		2006/6/17	微软无线鼠标 迅雷鲨6000	6925	6525
19		2006/6/18	立体声蓝牙耳机 H820	4434	4434
20		2006/6/19	人体工学键盘	3643	3643
21		2006/6/20	微软激光鼠标 暴雷鲨6000	3284	3284
22		2006/6/21	蓝牙耳机 A400	2623	2623
23		2006/6/22	人体工学键盘	3739	3960
24		2006/6/23	无线人体工学键盘	5594	5594
25		2006/6/24	微软光电鼠标	235	235
26		2006/6/25	微软光电鼠标	3525	3525
27		2006/6/26	无线人体工学键盘	189	298

图 2.3.36　防水键盘销售表

（1）全选所有数据，单击"开始"→"样式"→"条件格式"按钮，在下拉列表中选择"突出显示单元格规则"→"等于"命令，如图 2.3.37 所示。

图 2.3.37　"条件格式"下拉列表

（2）在弹出的"等于"对话框中输入要查找的"防水键盘"，然后设置单元格显示样式，例如让单元格以"浅红填充色深红色文本"显示，设置完毕后单击"确定"按钮，如图 2.3.38 所示。

图 2.3.38　"等于"对话框

（3）单击"确定"按钮后得到的结果如图 2.3.39 所示。

▲	A	B	C	D	E	F
1		日期	项目	销售额	成本核算	
2		2006/6/1	微软无线鼠标 迅雷鲨6000	10025	8832	
3		2006/6/2	微软光电鼠标	4403	4403	
4		2006/6/3	微软激光鼠标 暴雷鲨6000	9560	9560	
5		2006/6/4	人体工学键盘	5227	5227	
6		2006/6/5	防水键盘	7869	7869	
7		2006/6/6	立体声蓝牙耳机 H820	5550	5550	
8		2006/6/7	蓝牙耳机 A400	7367	7367	
9		2006/6/8	防水键盘	3711	3711	
10		2006/6/9	防水键盘	7500	6928	
11		2006/6/10	无线人体工学键盘	5906	5906	
12		2006/6/11	微软无线鼠标 迅雷鲨6000	8057	8057	
13		2006/6/12	微软激光鼠标 暴雷鲨6000	1683	1683	
14		2006/6/13	微软光电鼠标	6605	6605	
15		2006/6/14	立体声蓝牙耳机 H820	4957	4957	
16		2006/6/15	微软无线鼠标 迅雷鲨6000	6500	5012	
17		2006/6/16	微软激光鼠标 暴雷鲨6000	5282	5282	
18		2006/6/17	微软无线鼠标 迅雷鲨6000	6925	6525	
19		2006/6/18	立体声蓝牙耳机 H820	4434	4434	
20		2006/6/19	人体工学键盘	3643	3643	
21		2006/6/20	微软激光鼠标 暴雷鲨6000	3284	3284	
22		2006/6/21	蓝牙耳机 A400	2623	2623	
23		2006/6/22	人体工学键盘	3739	3960	
24		2006/6/23	无线人体工学键盘	5594	5594	
25		2006/6/24	微软光电鼠标	235	235	
26		2006/6/25	微软光电鼠标	3525	3525	
27		2006/6/26	无线人体工学键盘	189	298	

图 2.3.39　所有与"防水键盘"相关的销售数据查询结果

（4）以数据条、色阶、图标的方式显示数据。全选"销售额"和"成本核算"两列数据，单击"开始"→"样式"→"条件格式"按钮，在下拉列表中选择"数据条"→"渐变填充"→"紫色数据条"选项，即可清楚地看到哪条数据销售额最高、哪条数据销售额最低，结果如图 2.3.40 所示。

7. 数据的保护与共享

为防止他人在工作簿中添加或删除工作表，以及改变工作簿窗口的大小和位置等，可以为工作簿设置保护措施，方法如下：

（1）单击"审阅"→"更改"→"保护工作簿"按钮，在打开的对话框中选中"结构"或"窗口"复选框，如图 2.3.41 所示，或同时选中这两个复选框，然后在"密码"文本框中输入保护密码并单击"确定"按钮，再在打开的对话框中输入同样的密码并单击"确定"按钮，即可对工作簿执行保护操作。

▲	A	B	C	D	E
1		日期	项目	销售额	成本核算
2		2006/6/1	微软无线鼠标 迅雷鲨6000	10025	8832
3		2006/6/2	微软光电鼠标	4403	4403
4		2006/6/3	微软激光鼠标 暴雷鲨6000	9560	9560
5		2006/6/4	人体工学键盘	5227	5227
6		2006/6/5	防水键盘	7869	7869
7		2006/6/6	立体声蓝牙耳机 H820	5550	5550
8		2006/6/7	蓝牙耳机 A400	7367	7367
9		2006/6/8	防水键盘	3711	3711
10		2006/6/9	防水键盘	7500	6928
11		2006/6/10	无线人体工学键盘	5906	5906
12		2006/6/11	微软无线鼠标 迅雷鲨6000	8057	8057
13		2006/6/12	微软激光鼠标 暴雷鲨6000	1683	1683
14		2006/6/13	微软光电鼠标	6605	6605
15		2006/6/14	立体声蓝牙耳机 H820	4957	4957
16		2006/6/15	微软无线鼠标	6500	5012
17		2006/6/16	微软激光鼠标 暴雷鲨6000	5282	5282
18		2006/6/17	微软无线鼠标 迅雷鲨6000	6925	6525
19		2006/6/18	立体声蓝牙耳机 H820	4434	4434
20		2006/6/19	人体工学键盘	3643	3643
21		2006/6/20	微软激光鼠标 暴雷鲨6000	3284	3284
22		2006/6/21	蓝牙耳机 A400	2623	2623
23		2006/6/22	人体工学键盘	3739	3960
24		2006/6/23	无线人体工学键盘	5594	5594
25		2006/6/24	微软光电鼠标	235	235
26		2006/6/25	微软光电鼠标	3525	3525
27		2006/6/26	无线人体工学键盘	189	298

图 2.3.40 "数据条"条件格式显示结果

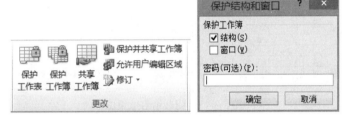

图 2.3.41 保护工作簿

1）结构：选中此复选框，可使工作簿的结构保持不变，删除、移动、复制、重命名、隐藏工作表或插入新的工作表等操作均无效（但允许对工作表内的数据进行操作）。

2）窗口：选中此复选框，当打开工作簿时，不能更改工作簿窗口的大小和位置，不能关闭工作簿窗口。

3）密码：在此文本框中输入密码，可防止未授权的用户取消工作簿的保护。密码区分大小写，可以由字母、数字、符号和空格组成。

（2）要撤销工作簿的保护，可单击"审阅"→"更改"→"保护工作簿"按钮，若设置了密码保护，此时会弹出如图 2.3.42 所示的对话框，输入保护时的密码即可撤销工作簿的保护。

图 2.3.42 "撤销工作簿保护"对话框

巩固提高

新华书店需要对 4 个季度的销售情况进行统计分析，书店销售情况表的源数据如图 2.3.43 所示，图书名称及平均单价的源数据如图 2.3.44 所示，完成后的效果如图 2.3.45 所示。

书店销售情况表				
分店	图书名称	季度	数量	销售额（元）
第3分店	计算机应用	3	111	
第3分店	计算机应用	2	119	
第1分店	高等数学	2	123	
第2分店	大学英语	2	145	
第2分店	大学英语	1	167	
第3分店	高等数学	4	168	
第1分店	高等数学	4	178	
第3分店	大学英语	4	180	
第2分店	大学英语	4	189	
第2分店	高等数学	1	190	
第2分店	高等数学	4	196	
第2分店	高等数学	3	205	
第2分店	大学英语	1	206	
第2分店	高等数学	2	211	
第3分店	高等数学	3	218	

图 2.3.43　书店销售情况表的源数据

图书名称	平均单价（元）
计算机应用基础	35.6
高等数学	43.8
大学英语	36.2

图 2.3.44　图书名称及平均单价的源数据

书店销售情况表					
序号	分店	图书名称	季度	数量	销售额(元)
036	第1分店	高等数学	1	765	33507.00
035	第1分店	计算机应用基础	2	645	22962.00
034	第1分店	计算机应用基础	1	569	20256.40
033	第2分店	大学英语	3	451	16326.20
031	第1分店	大学英语	2	412	14914.40
032	第2分店	计算机应用基础	4	412	14667.20
025	第3分店	高等数学	1	301	13183.80

图书名称	大学英语				
求和项:销售额（元）	列标签				
行标签	1	2	3	4	总计
第1分店	12489	14914.4	8470.8	10063.6	45937.8
第2分店	13502.6	5249	16326.2	6841.8	41919.6
第3分店		11185.8	10063.6	6516	27765.4
总计	25991.6	31349.2	34860.6	23421.4	115622.8

图 2.3.45　图书销售效果图

具体要求如下：

（1）将 Sheet1 工作表重命名为"图书销售"，将 Sheet2 工作表重命名为"图书价格"。

（2）在"分店"列左侧插入一个空列，输入标题为"序号"，并以 001，002，003，…的方式向下填充该列到最后一个数据行。

（3）将工作表标题合并居中，调整其字体为宋体、字号为 18 号、字体颜色为标准色红色，调整行高和列宽为自动调整，设置对齐方式为居中，销售额数据列的数值格式保留两位小数，为数据区域添加边框。

（4）将工作表"图书价格"中的区域 B3:C5 定义为"平均"。运用公式计算其 F 列的销售额，要求在公式中使用 VLOOKUP 函数，自动在工作表"图书价格"中查找相关图书的价格。

（5）为工作表"图书销售"中的销售数据创建数据透视表，放置在现有工作表中 H2 开始的单元格，要求针对各类图书比较各分店每季度的销售额。其中，图书名称为报表筛选字段，分店为行标签，季度为列标签，并对销售额求和。

（6）对图书销售表中的数据进行排序，要求：以数量为主要关键字进行降序排序，数量相同时，以销售额为次要关键字进行降序排序。

（7）保存"图书销售情况表.xlsx"文件。

任务4   导入和统计分析员工考核成绩

学习目标

1. 知识目标
- 掌握从 Access 数据库外部导入数据
- 掌握文本外部数据的导入
- 掌握常用函数的应用
- 掌握迷你图和图表的创建、编辑与修饰
2. 能力目标
- 能够根据需求选择合适的方式导入外部数据
- 能够根据需求在工作表中插入图表

任务描述

为了提高员工的技术和技能，某科技公司在 2018 年下半年对公司的员工进行了专题课程培训，并于 2018 年 12 月进行了课程考核，为了更加清晰明细地掌握公司员工的课程学习情况，公司要求小王用 Excel 表格对此次成绩进行统计分析，如图 2.4.1 所示。

	A	B	C	D	E	F	G	H	I
1	员工编号	姓名	网络故障排除	综合布线技术	服务器运维	法律法规专题	总分	平均分	排名
2	info001	张达	91	88	78	85			
3	info001	李浩	80	86	64	90			
4	info001	刘志军	83	77	78	67			
5	info001	林飞	91	84	78	92			
6	info001	赵丽	62	76	86	89			
7	info001	张扬	91	90	86	90			
8	info001	李竣辉	86	75	66	90			
9	info001	谢树林	79	74	88	65			
10	info001	刘菲菲	90	76	86	80			

图 2.4.1   公司员工考核成绩统计表

操作要求如下：
（1）导入公司员工考核成绩统计表的数据。
（2）设置公司员工考核成绩统计表的格式。
（3）使用 SUM 函数计算每名员工的总分。
（4）使用 AVERAGE 函数计算每名员工的平均分。
（5）使用 RANK 函数根据员工的总分进行排名。
（6）通过图表（柱形图）展示员工总分情况。
（7）将成绩保存为模板。

任务实现

1. 导入公司员工考核成绩统计表的数据

（1）启动 Excel 2010 程序，新建一个工作簿并保存为"公司员工考核成绩统计表.xlsx"。双击工作表标签 Sheet1，将其重命名为"员工考核成绩明细表"。

（2）选中单元格 A1，单击"数据"→"获取外部数据"→"自文本"命令，如图 2.4.2 所示。

图 2.4.2　获取外部数据

（3）在"导入文本文件"对话框中选择"公司员工考核成绩.txt"文本文件，单击"打开"按钮，如图 2.4.3 所示。

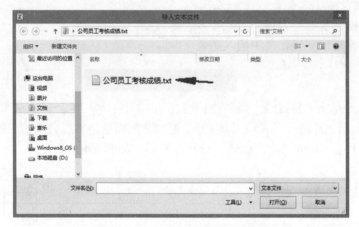

图 2.4.3　"导入文本文件"对话框

（4）在"文本导入向导-第 1 步，共 3 步"对话框中选择"分隔符号"单选项，单击"下一步"按钮，如图 2.4.4 所示。

图 2.4.4　"文本导入向导-第 1 步，共 3 步"对话框

（5）弹出"文本导入向导-第 2 步，共 3 步"对话框，在"分隔符号"区域中选择"逗号"复选项，单击"下一步"按钮，如图 2.4.5 所示。

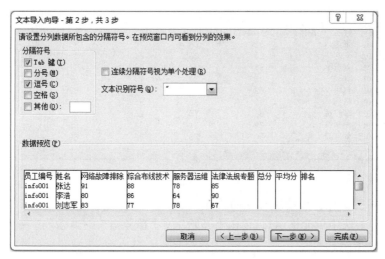

图 2.4.5 "文本导入向导-第 2 步，共 3 步"对话框

（6）弹出"文本导入向导-第 3 步，共 3 步"对话框，在"列数据格式"区域中选择"文本"单选项，单击"完成"按钮，如图 2.4.6 所示。

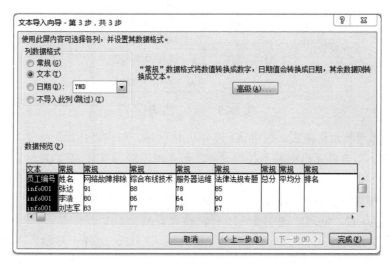

图 2.4.6 "文本导入向导-第 3 步，共 3 步"对话框

（7）在弹出的"导入数据"对话框中选择"现有工作表"单选项，单击"确定"按钮，如图 2.4.7 所示。

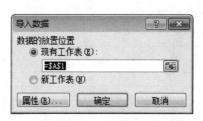

图 2.4.7 "导入数据"对话框

（8）返回到 Excel 工作表，可以看到导入数据成功了，如图 2.4.8 所示。

	A	B	C	D	E	F	G	H	I
1	员工编号	姓名	网络故障排除	综合布线技术	服务器运维	法律法规专题	总分	平均分	排名
2	info001	张达	91	88	78	85			
3	info001	李浩	80	86	64	90			
4	info001	刘志军	83	77	78	67			
5	info001	林飞	91	84	78	92			
6	info001	赵丽	62	76	86	89			
7	info001	张扬	91	90	86	90			
8	info001	李竣辉	86	75	66	90			
9	info001	谢树林	79	74	88	65			
10	info001	刘菲菲	90	76	86	80			
11									

图 2.4.8　数据导入结果

2. 设置公司员工考核成绩统计表的格式

（1）插入行。选中单元格 A1，单击"开始"→"单元格"→"插入"→"插入工作表行"命令，如图 2.4.9 所示。

图 2.4.9　插入工作表行

（2）设置标题单元格格式。选中 A1:I1 单元格区域，单击"开始"→"对齐方式"→"合并后居中"按钮，在该单元格中输入标题文本"员工考核成绩统计表"，并设置标题字号为 20、字体为黑体。

（3）设置列宽和行高。选中 A～I 列，单击"开始"→"单元格"→"格式"→"列宽"命令，设置列宽为 12。同理，选中 2～11 行，设置行高为 18。

（4）设置单元格样式和边框。选中单元格区域 A2:I11，选择"开始"→"样式"→"单元格样式"→"20%强调文字颜色 1"样式，单击"开始"→"字体"→"所有框线"按钮，得到的效果如图 2.4.10 所示。

	A	B	C	D	E	F	G	H	I
1				员工考核成绩统计表					
2	员工编号	姓名	网络故障排除	综合布线技术	服务器运维	法律法规专题	总分	平均分	排名
3	info001	张达	91	88	78	85			
4	info001	李浩	80	86	64	90			
5	info001	刘志军	83	77	78	67			
6	info001	林飞	91	84	78	92			
7	info001	赵丽	62	76	86	89			
8	info001	张扬	91	90	86	90			
9	info001	李竣辉	86	75	66	90			
10	info001	谢树林	79	74	88	65			
11	info001	刘菲菲	90	76	86	80			

图 2.4.10　设置单元格样式和边框后的效果

（5）设置列标题格式。选择单元格区域 A2:I2，选择"开始"选项卡，在"字体"区域单击"加粗"按钮，在"对齐方式"区域单击"居中"按钮。

3. 使用 SUM 函数计算公司员工考核成绩总分

选择单元格区域 A3:G11，单击"开始"→"编辑"→"Σ自动求和"按钮即可计算出每位员工的总分，如图 2.4.11 所示。

	A	B	C	D	E	F	G	H	I
1	员工考核成绩统计表								
2	员工编号	姓名	网络故障排除	综合布线技术	服务器运维	法律法规专题	总分	平均分	排名
3	info001	张达	91	88	78	85	342		
4	info001	李浩	80	86	64	90	320		
5	info001	刘志军	83	77	78	67	305		
6	info001	林飞	91	84	78	92	345		
7	info001	赵丽	62	76	86	89	313		
8	info001	张扬	91	90	86	90	357		
9	info001	李竣辉	86	75	66	90	317		
10	info001	谢树林	79	74	88	65	306		
11	info001	刘菲菲	90	76	86	80	332		

图 2.4.11　计算总分

4. 使用 AVERAGE 函数计算每名员工考核成绩的平均分

（1）在"平均分"列中选择单元格 H3，单击"开始"→"编辑"→"Σ自动求和"→"平均值"命令，在单元格 H3 中显示公式"=AVERAGE(C3:F3)"，按 Enter 键。

（2）选择单元格 H3 右下角的自动填充句柄，按住鼠标左键不放，拖动公式填充至单元格 H11，即可计算得到每名员工的平均分，如图 2.4.12 所示。

	A	B	C	D	E	F	G	H	I
1	员工考核成绩统计表								
2	员工编号	姓名	网络故障排除	综合布线技术	服务器运维	法律法规专题	总分	平均分	排名
3	info001	张达	91	88	78	85	342	85.5	
4	info001	李浩	80	86	64	90	320	80	
5	info001	刘志军	83	77	78	67	305	76.25	
6	info001	林飞	91	84	78	92	345	86.25	
7	info001	赵丽	62	76	86	89	313	78.25	
8	info001	张扬	91	90	86	90	357	89.25	
9	info001	李竣辉	86	75	66	90	317	79.25	
10	info001	谢树林	79	74	88	65	306	76.5	
11	info001	刘菲菲	90	76	86	80	332	83	

图 2.4.12　计算每名员工的平均分

5. 使用 RANK 函数根据员工的总分进行排名

（1）在"排名"列中选择单元格 I3，在单元格 H3 中显示公式"=RANK(G3,$G$3:$G$11,0)"，按 Enter 键。

（2）选择单元格 I3 右下角的自动填充句柄，按住鼠标左键不放，拖动公式填充至单元格 I11，即可得到所有员工的排名，如图 2.4.13 所示。

6. 通过柱形图展示员工总分情况

（1）选择单元格区域 B2:B11，按住 Ctrl 键，再选择单元格区域 G2:G11。

（2）单击"插入"→"柱形图"→"圆柱图"→"簇状圆柱图"选项，如图 2.4.14 所示，此时得到如图 2.4.15 所示的图表。

	员工编号	姓名	网络故障排除	综合布线技术	服务器运维	法律法规专题	总分	平均分	排名
				员工考核成绩统计表					
3	info001	张达	91	88	78	85	342	85.5	3
4	info001	李浩	80	86	64	90	320	80	5
5	info001	刘志军	83	77	78	67	305	76.25	9
6	info001	林飞	91	84	78	92	345	86.25	2
7	info001	赵丽	62	76	86	89	313	78.25	7
8	info001	张扬	91	90	86	90	357	89.25	1
9	info001	李竣辉	86	75	66	90	317	79.25	6
10	info001	谢树林	79	74	88	65	306	76.5	8
11	info001	刘菲菲	90	76	86	80	332	83	4

图 2.4.13　所有员工的成绩排名

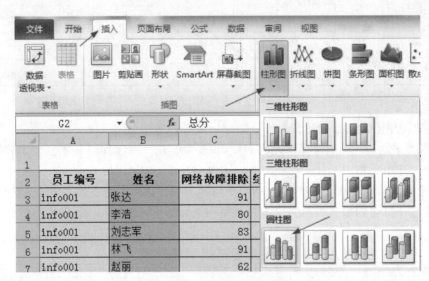

图 2.4.14　选择簇状圆柱图

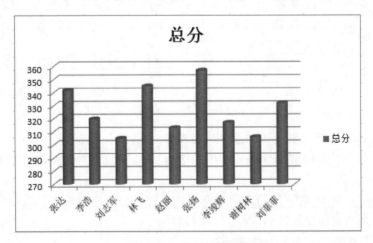

图 2.4.15　员工总分图表

（3）修改图表样式。单击"图表工具/设计"选项卡，在列表框中选择样式 4，如图 2.4.16 所示。

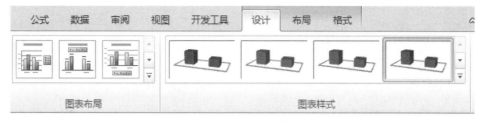

图 2.4.16　修改图表样式

（4）显示模拟运算表。单击"图表工具/布局"→"模拟运算表"→"显示模拟运算表"命令，如图 2.4.17 所示。

图 2.4.17　模拟运算表设置

显示的结果如图 2.4.18 所示。

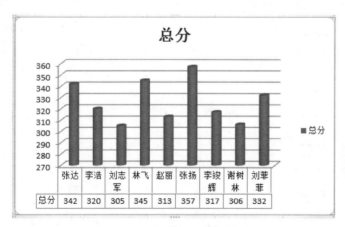

图 2.4.18　显示模拟运算表的图表

7.　将成绩保存为模板

（1）在"员工考核成绩明细表"标签上右击，在弹出的快捷菜单中选择"移动或复制"选项，弹出"移动或复制工作表"对话框，在其中勾选"建立副本"复选框，如图 2.4.19 所示。

图 2.4.19　"移动或复制工作表"对话框

（2）单击"确定"按钮，复制一张新的工作表，重命名为"员工考核成绩明细表模板"。

（3）在"员工考核成绩明细表模板"工作表中删除所有员工的单科成绩（即单元格区域 C3:F11）。

（4）单击"文件"→"另存为"命令，在"保存类型"下拉列表框中选择"Excel 模板(*.xltx)"选项，文件名为"员工考核成绩明细表模板.xltx"，下次就可以利用该模板新建工作簿了。

（5）保存文件。

知识拓展

1. 从 Access 数据库获取外部数据

在数据的分析与处理中，有时需要将 Access 数据库中的数据导入到 Excel 工作表中，操作步骤如下：

（1）在 Excel 表中，确定需要导入数据区域的起始单元格，以 A1 单元格为例。

（2）单击"数据"→"获取外部数据"→"自 Access"命令，打开"选取数据源"对话框，选择数据源 student.accdb 后单击"打开"按钮，如图 2.4.20 所示。

图 2.4.20　"选取数据源"对话框

（3）在"导入数据"对话框中，选择数据在工作簿中的显示方式为"表"，数据的存放位置为"现有工作表"，位置为"=$A$1"，单击"确定"按钮，如图2.4.21所示。

（4）数据从Access数据库成功导入到以A1单元格开始的单元格区域，如图2.4.22所示。

图2.4.21 设置导入数据

图2.4.22 从Access数据库导入数据的结果

2. 导出为文本文件

在某些情况下，需要将Excel工作表中的数据导出为文本文件，此项操作非常简单，只需在Excel工作表中直接保存为文本文件即可。现以公司员工考核成绩统计表为例说明操作步骤。

（1）使用Excel打开公司员工考核成绩统计表。

（2）单击"文件"→"另存为"命令，在弹出的"另存为"对话框的"保存类型"下拉列表框中选择"文本文件（制表符分隔）(*.txt)"选项，单击"确定"按钮，如图2.4.23所示。

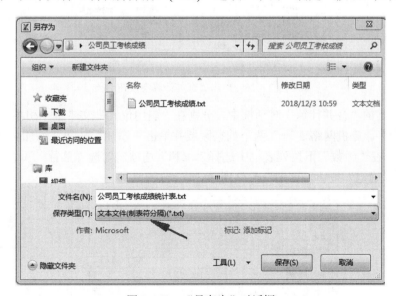

图2.4.23 "另存为"对话框

3. 数据合并计算

数据合并计算就是组合数据，以便能够更容易地对数据进行定期或不定期的更新和汇总。

现将某大学2018—2019第1学期17计算机网络1班和17计算机网络2班的期末成绩合并到一张主工作表中，步骤如下：

（1）打开"成绩"工作簿，两个班的成绩表如图 2.4.24 和图 2.4.25 所示。

	A	B	C	D	E	F
1	2018-2019第1学期　17计算机网络1班　期末成绩					
2	姓名	计算机网络基础	图形图像处理	网页设计基础	思想道德修养	大学英语
3	陈海明	67	65	77	80	58
4	陈永辉	89	78	79	83	69
5	郭晓红	90	88	90	85	70
6	邓涛	77	91	95	89	74
7	李俊涛	63	84	68	81	79
8	叶相	85	80	88	79	80

图 2.4.24　17 计算机网络 1 班成绩表

2018-2019第1学期　17计算机网络2班　期末成绩					
姓名	计算机网络基础	图形图像处理	网页设计基础	思想道德修养	大学英语
张竣其	67	88	65	58	80
李火	80	65	75	69	83
杨明	88	88	89	70	85
邓艺	64	91	90	74	89
李燕	78	65	75	79	81
叶青	78	89	66	80	79

图 2.4.25　17 计算机网络 2 班成绩表

（2）打开"全年级成绩汇总"工作表，选择单元格 A1，单击"数据"→"数据工具"→"合并计算"按钮，如图 2.4.26 所示。

图 2.4.26　单击"合并计算"按钮

（3）在弹出的"合并计算"对话框中，分别在"引用位置"文本框中引用"17 计算机网络 1 班"和"17 计算机网络 2 班"两个数据区域并单击"添加"按钮，添加到"所有引用位置"列表框中，在"函数"下拉列表框中选择"求和"选项。勾选"首行"和"最左列"复选框，然后单击"确定"按钮，如图 2.4.27 所示。

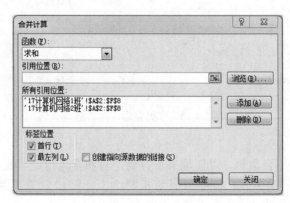

图 2.4.27　"合并计算"对话框

（4）单击"确定"按钮，结果如图 2.4.28 所示。

	A	计算机网络基础	图形图像处理	网页设计基础	思想道德修养	大学英语
1		计算机网络基础	图形图像处理	网页设计基础	思想道德修养	大学英语
2	陈海明	67	65	77	80	58
3	陈永辉	89	78	79	83	69
4	郭晓红	90	88	90	85	70
5	邓涛	77	91	95	89	74
6	李俊涛	63	84	68	81	79
7	叶相	85	80	88	79	80
8	张竣其	67	88	65	58	80
9	李火	80	65	75	69	83
10	杨明	88	88	89	70	85
11	邓艺	64	91	90	74	89
12	李燕	78	65	75	79	81
13	叶青	78	89	66	80	79

图 2.4.28　合并计算后的全年级成绩表

4. 迷你图的应用

迷你图能够以最精简的方式直观呈现数据的动态，可以显示一系列数值的趋势，如销售数量增加或减少、各品牌的销售情况等，或者可以突出显示最大值和最小值。下面以某书店图书半年来的销售数据建立迷你图，以便更直观地显示销售情况，操作步骤如下：

（1）打开图书销售一览表，如图 2.4.29 所示。

	A	B	C	D	E	F	G	H
1		图书销售一览表						
2	月份 书名	1月份	2月份	3月份	4月份	5月份	6月份	销售走势
3	PHP程序设计	120	100	108	40	80	97	
4	动态网站项目式教程	200	324	233	120	110	89	
5	网页设计基础教程	45	90	254	310	40	60	
6	项目式计算机网络基础	50	67	250	187	167	90	

图 2.4.29　图书销售一览表

（2）单击单元格 H3，单击"插入"→"迷你图"→"折线图"按钮，如图 2.4.30 所示。

图 2.4.30　插入迷你图

（3）在弹出的"创建迷你图"对话框的"数据范围"文本框中输入 B3:G3，单击"确定"按钮，如图 2.4.31 所示。

（4）选择单元格 H3，拖动自动填充句柄，如图 2.4.32 所示。

图 2.4.31　"创建迷你图"对话框

书名 \ 月份	1月份	2月份	3月份	4月份	5月份	6月份	销售走势
图书销售一览表							
PHP程序设计	120	100	108	40	80	97	
动态网站项目式教程	200	324	233	120	110	89	
网页设计基础教程	45	90	254	310	40	60	
项目式计算机网络基础	50	67	250	187	167	90	

图 2.4.32　创建迷你图后的数据表

5. 图表创建、编辑和修饰

（1）按需要创建图表。

1）创建柱形图。将光标定位到要创建图表的数据区域内，单击"插入"→"图表"→"柱形图"，在下拉列表中选择一种需要的柱形图类型进行创建，如图 2.4.33 所示。

图 2.4.33　选择图表类型

2）创建条形图。将光标定位到表格区域内，单击"插入"→"图表"→"条形图"，在下拉列表中选择一个合适的条形图插入。

3）创建折线图。将光标定位到表格区域内，单击"插入"→"图表"→"折线图"，在下拉列表中选择一个合适的折线图插入。

4）创建饼图。将光标定位到表格区域内，单击"插入"→"图表"→"饼图"，在下拉列表中选择一个合适的饼图插入。

（2）创建组合图。

1）选择所要创建图表的数据区域（A2:A5,C2:D5），如图 2.4.34 所示。

	A	B	C	D
1	18级计算机应用专业 英语成绩统计表			
2		参加考试人数	通过人数	合格率
3	18计算机应用1班	40	23	57.50%
4	18计算机应用2班	45	38	84.44%
5	18计算机应用3班	38	22	57.89%

图 2.4.34　选择数据区域

2）单击"插入"→"图表"→"柱形图"，在下拉列表中选择"二维柱形图"中的"簇状柱形图"，此时会得到一张图表，如图 2.4.35 所示。

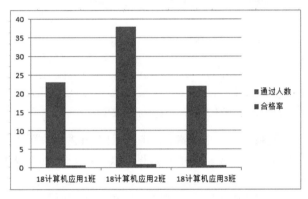

图 2.4.35　图表

3）在图表的数据系列上右击，在弹出的快捷菜单中选择"设置数据系列格式"选项，在弹出的"设置数据系列格式"对话框的"系列选项"选项中选择"次坐标轴"单选项，如图 2.4.36 所示。

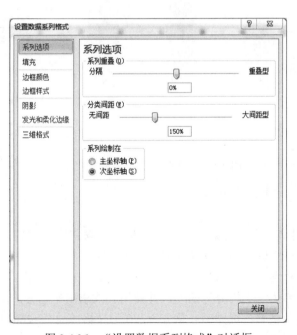

图 2.4.36　"设置数据系列格式"对话框

4）单击"确定"按钮，结果如图 2.4.37 所示。

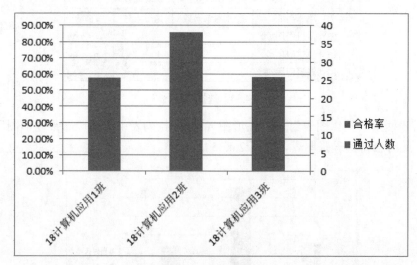

图 2.4.37　双坐标轴效果图

5）选中"合格率"数据系列，单击"图表工具/设计"→"更改图表类型"按钮，打开"更改图表类型"对话框，选择"带数据标记的折线图"类型，结果如图 2.4.38 所示。

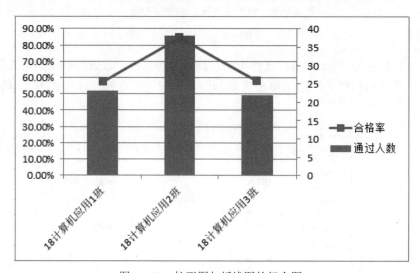

图 2.4.38　柱形图与折线图的组合图

巩固提高

有一个名为"学生信息"的 Excel 工作簿文档，内含三张工作表，请按要求完成操作。

（1）请在"成绩表"（图 2.4.39）中完成如下操作：

1）使用公式求出每名学生的总分。

2）在总分后插入名为"平均分"的列，并使用公式求出平均分。

3）使用公式求出及格率、优秀率（总分≥220 为及格，总分>260 为优秀）。

4）在表格最上面插入一行，输入"学生成绩表"并合并居中。

	A	B	C	D	E	F	G	H	I
1	学号	姓名	专业	性别	数学	英语	计算机	总分	总评
2	020001	王志平	物理	女	54	95	67		
3	020045	陈辉	计算机	男	88	90	98		
4	020067	宋文彬	计算机	男	89	77	89		
5	020087	马莉	物理	男	67	88	77		
6	020159	刘小霞	数学	女	77	52	73		
7	020117	黄莹	计算机	女	70	67	88		
8	020128	扬仪	国贸	男	87	85	90		
9	020217	黄平	数学	男	62	76	71		
10	020338	庄一飞	国贸	女	99	77	90		
11	及格率:								
12	优秀率:								

图 2.4.39　成绩表

（2）请在"英语成绩表"（图 2.4.40）中完成如下操作：

1）用公式求出每个分数段的人数（数据来源于第一张工作表中的英语成绩，大于或等于 90 分的为优秀；大于或等于 80 分的为良好；大于或等于 60 分的为及格；小于 60 分的为不及格）。

2）用图表功能对该表制作出饼型图表，并加上图表标题"英语成绩分布图表"、系列名称、百分比。

3）将图表和表格放在同一张工作表中并适度修饰。

4）在表格最上面插入一行，输入"英语成绩分布表"并合并居中。

	A	B	C	D
1	英语成绩统计			
2	优秀	良好	及格	不及格
3				

图 2.4.40　英语成绩表

（3）在"勤工助学收入表"（图 2.4.41）中完成如下操作：

1）用公式求出每人的薪水、应交税、实发（薪水 1600 元以上部分按 20% 交税）。

2）以"专业"为分类字段，用实发求和的方式进行分类汇总。

3）在表格最上面插入一行，输入"勤工助学收入表"并合并居中。

	A	B	C	D	E	F	G	H
1	编号	姓名	专业	工作时数	小时报酬	薪水	应交税	实发
2	1	刘华	食品工程	85	25			
3	2	张明	计算机应用技术	75	30			
4	3	王军	计算机网络技术	80	28			
5	4	郑德林	计算机应用技术	65	23			
6	5	王建国	财务管理	70	22			
7	6	江小华	市场营销	75	26			
8	7	朱丽	软件工程	80	31			
9	8	李红	食品工程	60	28			
10	9	江河	电子商务	55	23			
11	10	张扬	电子商务	80	32			
12	11	林蕙	电子应用技术	65	35			

图 2.4.41　勤工助学收入表

项目三　PowerPoint 高级应用

任务 1　制作活动推广演示文稿

学习目标

1. 知识目标
- 掌握幻灯片中背景图片和插入图片的设置
- 掌握幻灯片中图片样式的设置
- 掌握幻灯片中文本框形状样式的设置
- 掌握幻灯片中插入 SmartArt 图的方法
- 掌握幻灯片切换效果的设置
- 掌握幻灯片动画效果的设置
2. 能力目标
- 能够综合运用幻灯片的操作知识制作一个精美的活动推广演示文稿
- 能够将制作好的演示文稿以不同的方式保存和发送

任务描述

某广场正在策划一个母亲节感恩活动，需要设计制作一个演示文稿对该活动进行介绍和宣传。

任务实现

1. 新建和保存演示文稿

（1）单击"文件"→"新建"→"空白演示文稿"→"创建"按钮，创建一个空白演示文稿，或启动 PowerPoint 2010 自动创建一个空白演示文稿，默认文件名为"演示文稿 1"，如图 3.1.1 所示。

（2）单击快速访问工具栏中的"保存"按钮，也可以单击"文件"→"保存"或"另存为"命令，在打开的"另存为"对话框中保存演示文稿，命名为"某广场母亲节活动策划.pptx"，如图 3.1.2 所示。

2. 新增幻灯片，编辑幻灯片内容

（1）在普通视图的左窗格中选中某张幻灯片，按 Enter 键，在该幻灯片后新建一张幻灯片，采用相同的方法新增 4 张幻灯片。

（2）打开"某广场母亲节活动策划.txt"素材文件，把文字内容添加到相应幻灯片中，设置合适的字体字号。

图 3.1.1　新建演示文稿

图 3.1.2　保存演示文稿

（3）添加页码。单击"插入"→"文本"→"页眉和页脚"或"幻灯片编号"命令，在"页眉和页脚"对话框的"幻灯片"面板中勾选"幻灯片编号"复选项，单击"全部应用"按钮，如图 3.1.3 所示。

3．更改合适的幻灯片版式

（1）选中第一张幻灯片，单击"开始"→"幻灯片"→"版式"选项，选择"标题幻灯片"版式。

（2）选中第二张幻灯片，单击"开始"→"幻灯片"→"版式"选项，选择"标题和内容"版式。

（3）采用相同的方法，将第三张和第四张幻灯片设为"标题和内容"版式，如图 3.1.4 所示。

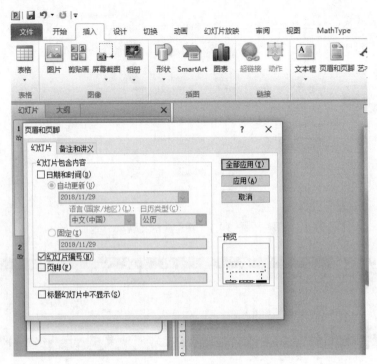

图 3.1.3　为演示文稿添加页码

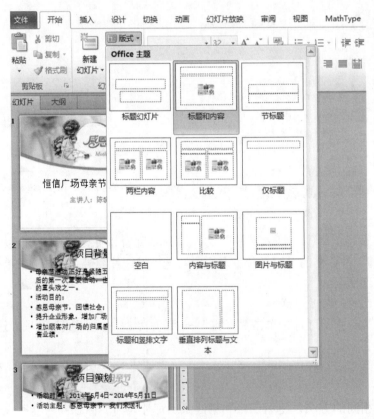

图 3.1.4　更改合适的幻灯片版式

4. 插入图片

（1）选择第一张幻灯片，单击"插入"→"图像"→"图片"命令，插入"图片 1.jpg"文件（图 3.1.5），调整图片大小和位置。在图片上右击，在弹出的快捷菜单中选择"置于底层"→"置于底层"命令，将插入的图片置于文字底部，如图 3.1.6 所示。

图 3.1.5　选择图片

图 3.1.6　插入图片后置于底层

（2）重复步骤（1），将"图片 2.jpg"文件分别插入到第二、三、四张幻灯片中，将"图片 3.jpg"文件插入到第四张幻灯片中。

5．设置文本框和 SmartArt 图样式

（1）选择第二张幻灯片，单击"插入"→"插图"→"形状"命令，选择"形状"面板中的"横卷形"插入"横卷形"形状。然后在形状上右击，在弹出的快捷菜单中选择"设置形状格式"命令，在弹出"设置形状格式"对话框中设置形状"无填充"。再根据内容需要适当调整"横卷形"的大小。

（2）选择第四张幻灯片，单击"插入"→"插图"→SmartArt 命令，在弹出的"选择 SmartArt 图形"对话框中选择"块循环"，再根据需要分别将文字填充到相应的方块中，如图 3.1.7 所示。

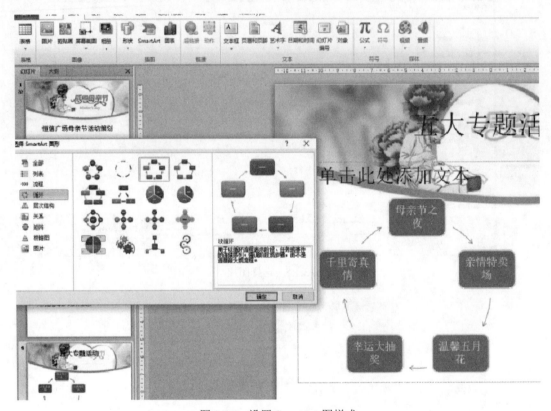

图 3.1.7　设置 SmartArt 图样式

（3）选择第四张幻灯片标题并右击，选择"设置形状格式"命令，在弹出的对话框中设置填充颜色为"白色"，线条颜色为"实线，绿色"。

6．设置动画效果

（1）选择第四张幻灯片中的标题，单击"动画"→"动画"→"动画样式"按钮，设置"劈裂"动画样式；用相同的方法设置第四张幻灯片中"块循环"形状的动画样式为"轮子"，设置第四张幻灯片中"图片 3"的动画样式为"弹跳"。

（2）采用相同的方法，为其他幻灯片文本内容和图片添加合适的动画效果。

7．设置切换效果

单击"切换"→"计时"功能组，选择"设置自动切换片时间"，并设置时间为"3 秒"，声音为"激光"，最后单击"全部应用"按钮。

8. 放映并保存演示文稿

（1）单击"视图"→"演示文稿视图"→"幻灯片浏览"命令，查看整个演示文稿效果，如图 3.1.8 所示。

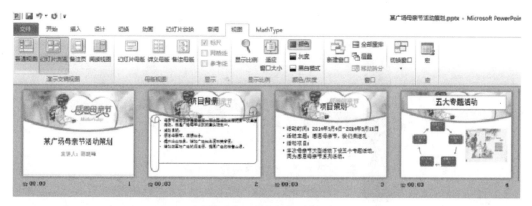

图 3.1.8　所有幻灯片效果

（2）单击"幻灯片放映"→"开始放映幻灯片"→"从头开始"或"从当前幻灯片开始"按钮，放映幻灯片。

（3）单击"文件"→"保存"命令，保存该演示文稿。

9. 发布演示文稿

单击"文件"→"保存并发送"命令，在"保存并发送"面板中设置合适的发布方式。

知识拓展

1. 在 PPT 演示文稿中复制幻灯片

要复制演示文稿中的幻灯片，先在普通视图的"大纲"或"幻灯片"选项中选择要复制的幻灯片。如果希望按顺序选取多张幻灯片，则在单击时按 Shift 键；若不按顺序选取幻灯片，则在单击时按 Ctrl 键。然后单击"插入"→"幻灯片副本"命令，或者直接按 Ctrl+Shift+D 组合键，则选中的幻灯片将直接以插入的方式复制到选定的幻灯片之后。

2. PowerPoint 自动黑/白屏

在 PowerPoint 放映过程中，按 B 键时屏幕黑屏，按任意键即可恢复正常；按 W 键时屏幕白屏，按任意键可恢复。

3. 让幻灯片自动播放

要让 PowerPoint 的幻灯片自动播放，只需在播放时右击该文稿，然后在弹出的快捷菜单中选择"显示"命令，如图 3.1.9 所示；或者在打开文稿前将该文件的扩展名从 .pptx 改为 .ppsx 后再双击。这样就避免了每次都要先打开这个文件才能播放的情况。

4. PPT 的撤销操作

在使用 PowerPoint 编辑演示文稿时，如果操作错误，只需单击工具栏中的"撤销"按钮即可恢复到操作前的状态。然而，在默认情况下 PowerPoint 最多只能恢复最近的 20 次操作。其实，PowerPoint 允许用户最多"反悔"150 次，但需要用户事先进行如下设置：单击"文件"→"选项"→"高级"命令，将"编辑选项"栏中的"最多可取消操作数"改为 150，如图 3.1.10 所示。

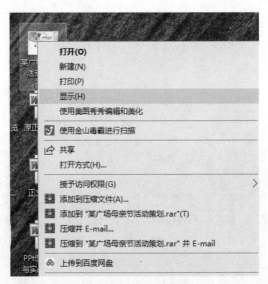

图 3.1.9　幻灯片自动播放

图 3.1.10　设置最多可撤销的操作数

5. 快速灵活地改变图片颜色

利用 PowerPoint 制作演示文稿，插入漂亮的图片可为演示文稿增色不少。但并不是所有的图片都符合我们的要求，图片的颜色搭配时常不合理。这时我们在图片上右击，在弹出的快捷菜单中选择"设置图片格式"命令，在弹出的对话框中设置"图片颜色"为"重新着色"，选择合适的预设效果，如图 3.1.11 所示。

6. 快速重复上一动作

在 PowerPoint 中有时会进行很多重复动作，但在执行了一个动作后，只需按 F4 键即可重复这个动作。F4 键只是重复最后一个动作，并不能记录一系列动作，因此不能用它来完成多于一个动作的操作。

图 3.1.11　对图片重新着色

7. 保存特殊字体

为了获得好的效果，人们通常会在幻灯片中使用一些非常漂亮的字体，可是将幻灯片复制到演示现场进行播放时，这些字体变成了普通字体，甚至还因字体而导致格式变得不整齐，严重影响演示效果。在 PowerPoint 中，单击"文件"→"另存为"命令，在弹出的对话框中单击"工具"按钮，在下拉菜单中选择"保存"选项，在弹出的对话框中选中"将字体嵌入文件"复选项，然后根据需要选择"仅嵌入演示文稿中使用的字符（适于减小文件大小）"或"嵌入所有字符"单选项，最后单击"确定"按钮保存该文件，如图 3.1.12 所示。

图 3.1.12　保存特殊字体

8. 随时更新演示文稿中的图片

在制作演示文稿过程中，如果想要在其中插入图片，则单击"插入"→"图像"→"图片"命令，在弹出的"插入图片"对话框中选择相应图片插入。其实当我们选择好插入的图片后，可以单击"插入图片"对话框右下角的"插入"按钮，在弹出的下拉列表中选择"链接到文件"选项，这样以后只要在系统中修改了插入图片，演示文稿中的图片就会自动更新，免除了重复修改的麻烦。

9. 默认文件夹设置

很多人不喜欢把所有文件都保存在"我的文件"文件夹中，因为它位于 C 盘，机器崩溃时会造成数据丢失。这时可以在另外的分区上建立一个文件夹，如 D:\MyPPT。然后启动 PowerPoint，单击"文件"→"选项"命令，在弹出的"PowerPoint 选项"对话框中设置默认文件夹位置，如图 3.1.13 所示。

图 3.1.13　设置默认文件夹位置

10. 保存早期 PowerPoint 版本

在 PowerPoint 中制作完幻灯片后，可以选择"文件"→"另存为"命令，在弹出的"另存为"对话框的"保存类型"列表中可以选择演示文稿的保存类型，然后输入文件名，再单击"保存"按钮。

巩固提高

打开素材文档 001_source.pptx，利用素材图片 1.jpg 和 001_2.jpg，参照视频 001_final.wmv 的演示效果进行设计并保存，并将演示文稿另存为 001.ppsx，保存类型为"PowerPoint 放映（*.ppsx）"。涉及的操作如下：

（1）设计主题。

（2）选择艺术字样式。

（3）修改幻灯片母版。

（4）更改文本框形状并设置样式。

（5）插入图片。

（6）插入 SmartArt 图。

（7）插入动画。

（8）表格样式/文字对齐。

（9）选择艺术字样式。

（10）切换幻灯片。

（11）另存为"PowerPoint 放映（*.ppsx）"。

任务 2　制作产品介绍演示文稿

学习目标

1. 知识目标

- 掌握在幻灯片中调整图片的方法
- 掌握在幻灯片中插入 SmartArt 图形的方法
- 掌握在幻灯片中更改形状并设置形状样式的方法
- 掌握在幻灯片中设置项目编号的方法
- 掌握在幻灯片中设置表格样式及生成图表的方法
- 掌握幻灯片中艺术字的设置
- 掌握幻灯片中页眉页脚的设置

2. 能力目标

- 能够综合运用幻灯片的操作知识制作一个满足需求的产品介绍演示文稿
- 能够熟练运用 PowerPoint 的一些操作技巧

任务描述

某公司的新产品推介会上，需要利用 PowerPoint 2010 制作一个简短的演示文稿来对公司、新产品、推广目标进行介绍。

任务实现

1. 建立初始演示文稿

（1）利用任务 1 中的方法建立名为"公司新产品推介会"的初始演示文稿，新增幻灯片，编辑好幻灯片内容。

（2）分别选中第一张和第六张幻灯片，单击"插入"→"图像"→"图片"命令，插入"图片 1.jpg"文件，如图 3.2.1 所示。调整图片大小和位置，效果如图 3.2.2 和图 3.2.3 所示。

图 3.2.1　插入图片

图 3.2.2　调整第一张幻灯片的图片位置

图 3.2.3　调整第六张幻灯片的图片位置

2．美化演示文稿

（1）美化第一张幻灯片，作为演示文稿的封面。

1）选中第一张幻灯片并右击，在弹出的快捷菜单中选择"设置背景格式"选项，在弹出的对话框中设置"填充"颜色为"黑色"。

2）设置主副标题格式，调整主标题位置，设置副标题颜色为"黄色"、字体为"隶书"。完成后的效果如图 3.2.4 所示。

图 3.2.4　第一张幻灯片的美化效果

（2）美化第二张幻灯片，作为演示文稿的目录。

1）选择主标题并右击，在弹出的快捷菜单中选择"设置形状格式"选项，设置填充颜色为"黑色"（并用同样的方法设置第三、第四、第五张幻灯片的标题）。

2）选择内容文字并右击，在弹出的快捷菜单中选择"转换为 SmartArt"选项，在布局列表中选择"垂直取形列表"，文字转换为 SmartArt 图形，如图 3.2.5 所示。

图 3.2.5　文字转换为 SmartArt 图形

3）选择 SmartArt 图形，选择"SmartArt 工具/设计"→"SmartArt 样式"→"强烈效果"样式，修改图形样式，完成后的效果如图 3.2.6 所示。

（3）制作第三张幻灯片——公司简介。

1）选择"插入"→"插图"→"形状"→"圆角矩形"命令，在幻灯片内绘制一个矩形框。

2）选择文本框并右击，在弹出的快捷菜单中选择"填充"→"无填充"选项，调整文字与文本框的相对位置，完成后的效果如图 3.2.7 所示。

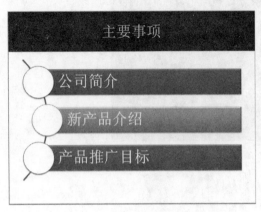 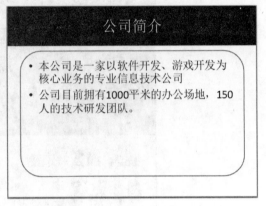

图 3.2.6　第二张幻灯片的美化效果　　　　图 3.2.7　第三张幻灯片的美化效果

（4）制作第四张幻灯片，介绍公司新产品。

1）选择第四页中的文本并右击，在弹出的快捷菜单中选择"编号"→"项目符号和编号"选项，在弹出的对话框中设置好编号样式和颜色，完成后的效果如图 3.2.8 所示。

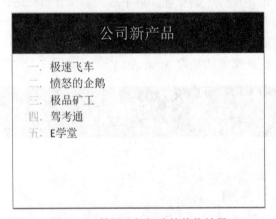

图 3.2.8　第四张幻灯片的美化效果

2）选择文本框内的第 1～5 条项目，设置"自左侧飞入"动画效果。

（5）制作第五张幻灯片，介绍产品推广目标。

1）单击"插入"→"插图"→"图表"命令，在弹出的对话框中选择"条状图"→"簇形条状图"，进入图表编辑状态，在对应的 Excel 数据表中输入数据。

2）选择该图表，在"图表工具/设计"选项卡中可更改图表类型、编辑数据、图表布局、图表样式。

3）选择该图表，在"图表工具/布局"选项卡中添加图表标题、修改图例、数据标签等。完成后的效果如图 3.2.9 所示。

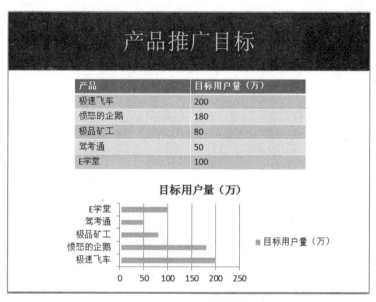

图 3.2.9　第五张幻灯片的美化效果

（6）制作最后一张幻灯片。

1）选择文本"谢谢"，单击"插入"→"文本"→"艺术字"命令，在下拉列表框中选择合适的艺术字样式。

2）在页面上右击，在弹出的快捷菜单中选择"设置背景格式"选项，在弹出的对话框中设置页面的背景填充效果为"渐变填充"，"预设颜色"为"银波荡漾"，"方向"为"线性对角-左上到右下"，完成后的效果如图 3.2.10 所示。

图 3.2.10　最后一张幻灯片的美化效果

3．添加动画和切换效果

（1）为所有幻灯片添加动画效果。在"动画"选项卡中完成相关设置。

（2）为所有幻灯片添加切换效果。在"切换"选项卡中完成相关设置。

4．添加页码、日期和时间

单击"插入"→"文本"→"页眉和页脚"命令，弹出"页眉和页脚"对话框，在"幻灯片包含内容"栏中勾选"日期和时间"和"幻灯片编号"复选项，单击"全部应用"按钮。

5．设置放映方式

（1）单击"幻灯片放映"→"设置"→"设置幻灯片放映"命令，打开"设置幻灯片放映"对话框，选择放映类型为"演讲者放映（全屏幕）"，单击"确定"按钮。

（2）单击"幻灯片放映"→"开始放映幻灯片"→"从头开始"或"从当前幻灯片开始"命令，放映幻灯片。

6．打印演示文稿

（1）对打印的页面进行设置。单击"设计"→"页面设置"命令，打开"页面设置"对话框，幻灯片大小设置为"A4 纸张"，"幻灯片方向"设置为"横向"，"备注、讲义和大纲"设置为"横向"。

（2）打印预览和打印。单击"文件"→"打印"命令，展开打印设置项，按要求完成各项设置。设置完毕后，单击"打印"按钮即可打印。

知识拓展

1．防止被修改

在 PowerPoint 中单击"文件"→"信息"→"保护演示文稿"命令，然后选择"用密码进行加密"选项，如图 3.2.11 所示，即可防止文件被人修改。另外，还可以将其保存为.ppsx格式，这样双击文件后可以直接播放幻灯片。

图 3.2.11　设置用密码进行加密

2. 快速定位幻灯片

在播放 PowerPoint 演示文稿时，如果要快进到或退回到第五张幻灯片，可以按数字 5 键，再按 Enter 键。若要从任意位置返回到第一张幻灯片，可以同时单击鼠标左右键并停留 2 秒以上。

3. 对象也用格式刷

在 PowerPoint 中，想制作出具有相同格式的文本框（比如相同的填充效果、线条色、文字字体、阴影设置等），可以在设置好其中一个后选中，单击"开始"→"剪贴板"功能组中的"格式刷"工具，然后单击其他文本框。如果有多个文本框，只要双击"格式刷"工具，再连续"刷"多个对象。完成操作后，再次单击"格式刷"就可以了。其实，不仅是文本框，自选图形、图片、艺术字或剪贴画等也可以使用格式刷来刷出完全相同的格式。

4. 快速调节文字大小

在 PowerPoint 中输入的文字大小不符合要求或者看起来效果不好，一般通过选择字体字号来解决。其实我们有一个更加简洁的方法：选中文字后按 Ctrl+]组合键可放大文字，按 Ctrl+[组合键可缩小文字。

5. 计算字数和段落

单击"文件"→"信息"命令，在其信息面板的右侧有该文件的属性信息及各种数据，包括页数、字数、段落等，都显示在该属性栏中，如图 3.2.12 所示。

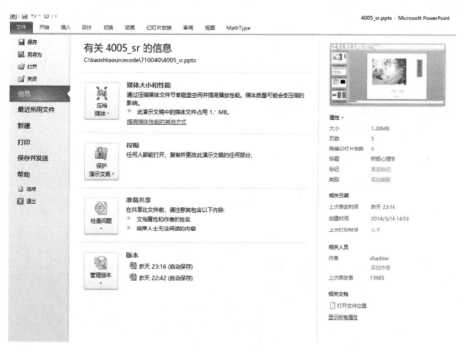

图 3.2.12　文件属性信息

6. 添加公司 Logo

用 PowerPoint 为公司制作演示文稿时，最好每一页都加上公司 Logo，这样可以间接地为公司做免费广告。选择"视图"→"母版视图"→"幻灯片母版"命令，在"幻灯片母版视图"中将 Logo 放在合适的位置上，关闭母版视图返回到普通视图后，就可以看到每一页都加上了

Logo，并且无法改动。在幻灯片母版中添加 Logo 的方法如图 3.2.13 所示。

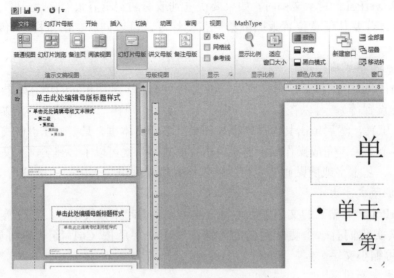

图 3.2.13　在幻灯片母版中加入 Logo

7. 巧用键盘铺助定位对象

在 PowerPoint 中有时用鼠标定位对象不太准确，按住 Shift 键的同时用鼠标水平或竖直移动对象，可以基本接近于直线平移。在按住 Ctrl 键的同时用方向键来移动对象，可以精确到像素点的级别。

8. 设置自动保存

因为突然断电或者计算机死机等原因，我们在编辑 PowerPoint 时经常没有及时保存，使辛辛苦苦制作的成果付诸东流。可以通过"文件"→"选项"→"保存"→"保存演示文稿"命令设置自动保存，如图 3.2.14 所示。

图 3.2.14　设置自动保存

9. 快速调用最近使用的 PPT 文件

同时编辑了多个 PPT 文件或者想要快速打开先前打开过的 PPT 文件，可通过 "文件"→"最近所用文件"→"最近使用的演示文稿"命令来实现，如图 3.2.15 所示。

图 3.2.15　快速调用最近使用的 PPT 文件

10. 不压缩 PPT 中的图像文件

如果不在意整个 PPT 文件的存储大小，想要保证 PPT 使用的图片的高清晰度，可以选择"文件"→"选项"命令，在弹出的"PowerPoint 选项"对话框的左侧区域选择"高级"选项，勾选"不压缩文件中的图像"复选项，如图 3.2.16 所示。

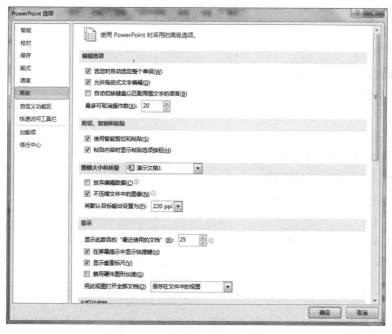

图 3.2.16　不压缩 PPT 中的图像文件

巩固提高

锋行投资公司打算使用 PPT 对投资者进行古玩艺术品市场的知识普及，请打开素材文档 002_source.pptx，按 002_final.wmv 视频的演示内容使用所提供的素材进行设计，设计完成后保存原文件，并将演示文稿保存为 002.ppsx，保存类型为"PowerPoint 放映（*.ppsx）"。涉及的操作如下：

（1）设计主题。

（2）插入图片并设置格式。

（3）幻灯片版式选择。

（4）更改文本框形状并设置样式。

（5）插入表格。

（6）插入项目符号。

（7）添加动画。

（8）修改字体和段落格式。

（9）选择艺术字样式。

（10）插入页眉页脚。

（11）切换幻灯片。

（12）另存为"PowerPoint 放映（*.ppsx）"等。

任务 3　制作教学课件演示文稿

学习目标

1. 知识目标
- 掌握文本框形状样式的设置
- 掌握字体方向的设置
- 掌握在幻灯片中插入图片、动画、视频、SmartArt 图的方法
- 掌握段落格式的设置
- 掌握幻灯片切换的方法
- 掌握插入页脚页码的方法
- 掌握幻灯片中视频样式的设置

2. 能力目标
- 能够综合运用 PowerPoint 的操作知识制作精美的课件演示文稿
- 能够在 PowerPoint 中熟练使用图片、动画、视频等多媒体对象

任务描述

王老师正在准备一个关于《积极心理学》的演讲，需要做一个精美的配套课件，讲解积极心理学的历史渊源、主要内容及研究的必要性等。

任务实现

1. 建立初始演示文稿

利用任务 1 中的方法建立名为"积极心理学"的初始演示文稿，新增幻灯片，编辑好幻灯片内容，如图 3.3.1 所示。

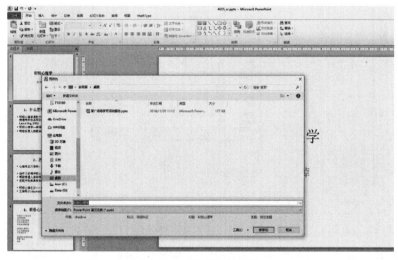

图 3.3.1　建立初始文稿

2. 美化演示文稿

（1）制作第一张幻灯片，作为讲座 PPT 的封面。

1）选中主标题并右击，在弹出的快捷菜单中选择"设置形状格式"选项，弹出"设置形状格式"对话框，在左侧区域选择"文本框"选项，在"文字方向"下拉列表框中选择"竖排"选项，如图 3.3.2 所示。

图 3.3.2　设置竖排文本框

2）选择"填充"选项，选择"纯色填充"单选项，在"颜色"下拉列表框中选择"绿色"选项，如图3.3.3所示。

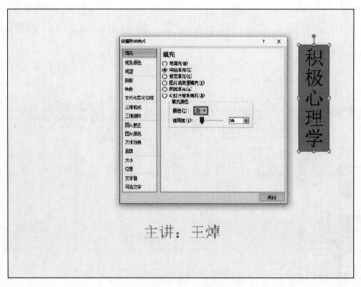

图3.3.3　设置文本框填充

3）插入图片。单击"插入"→"图像"→"图片"命令，在"插入图片"对话框中选择所需插入的图片文件，单击"插入"按钮。

4）调整图片大小和位置，并设置插入的图片"动画"为"形状"，完成后的效果如图3.3.4所示。

图3.3.4　第一张幻灯片的美化效果

（2）制作第二张幻灯片，介绍积极心理学的含义。

1）选择主标题并右击，在弹出的快捷菜单中选择"设置形状格式"命令，弹出"设置形状格式"对话框，在左侧区域选择"填充"选项，选择"纯色填充"单选项，在"颜色"下拉列表框中选择"绿色"选项（利用此方法完成第3~5页的标题设置）。

2）选择第二页中的文本并右击，在弹出的快捷菜单中选择"项目符号"→"项目符号和编号"选项，在弹出的对话框中选择合适的项目符号。

3）选择第二页中的文本并右击，在弹出的快捷菜单中选择"段落"命令，在弹出的对话框中设置"行间距"为"双倍行距"。完成后的效果如图 3.3.5 所示。

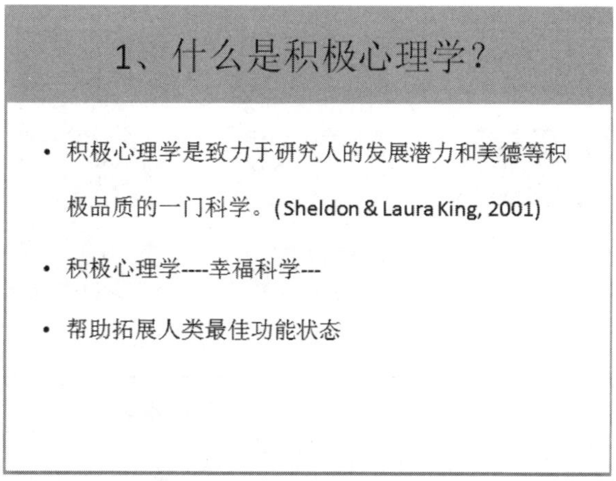

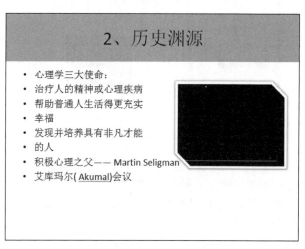

图 3.3.5　第二张幻灯片的美化效果

（3）制作第三张幻灯片，介绍积极心理学的历史渊源。

1）单击"插入"→"媒体"→"视频"→"文件中的视频"命令，插入一个视频。

2）选择要插入的视频，选择"视频工具/格式"→"视频样式"→"剪裁对角线，白色"样式效果。

3）选择要插入的视频，选择"视频工具/格式"→"视频选项"命令，设置视频自动播放。

4）调整文本框中合适的字体大小和行距。完成后的效果如图 3.3.6 所示。

图 3.3.6　第三张幻灯片的美化效果

（4）制作第四张幻灯片，介绍积极心理学的研究内容。

选择第四张幻灯片，单击"插入"→"插图"→SmartArt 命令，在弹出的对话框中设置"层次结构"为"水平层次结构"，根据需求将文字填充到相应的方框中，并进行字体调整。完成后的效果如图 3.3.7 所示。

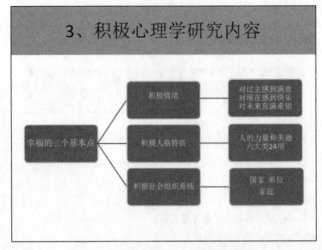

图 3.3.7　第四张幻灯片的美化效果

（5）制作第五张幻灯片，介绍当代心理学研究"积极"的必然性与必要性。

1）插入"圆角矩形"文本框并设置"无填充"和"线条颜色"。

2）插入第五张幻灯片中要使用的图片，调整边框为"棱台亚光，白色"并调整大小，完成后的效果如图 3.3.8 所示。

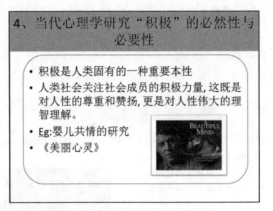

图 3.3.8　插入图片并设置格式

3．添加动画和切换效果

（1）为所有幻灯片添加动画效果，在"动画"选项卡中完成相关设置。

（2）为所有幻灯片添加切换效果，在"切换"选项卡中完成相关设置。

4．添加页码、日期和时间

单击"插入"→"文本"→"页眉和页脚"命令，弹出"页眉和页脚"对话框，在"幻灯片包含内容"栏中勾选"日期和时间"和"幻灯片编号"复选项，并输入"积极心理学"字样，单击"全部应用"按钮。

5．设置放映方式

（1）单击"幻灯片放映"→"设置"→"设置幻灯片放映"命令，打开"设置幻灯片放映"对话框，选择放映类型为"演讲者放映（全屏幕）"，单击"确定"按钮。

（2）单击"幻灯片放映"→"开始放映幻灯片"→"从头开始"或"从当前幻灯片开始"命令，放映幻灯片。

6．打印演示文稿

（1）对打印的页面进行设置。单击"设计"→"页面设置"命令，打开"页面设置"对话框，幻灯片大小设置为"A4 纸张"，"幻灯片方向"设置为"横向"，"备注、讲义和大纲"设置为"横向"。

（2）打印预览和打印。单击"文件"→"打印"命令，展开打印设置项，按要求完成各项设置。设置完毕后，单击"打印"按钮即可打印。

知识拓展

1．在幻灯片中快速调用其他 PPT 文件

在制作演示文档时，需要用到以前制作的文档中的幻灯片或要调用其他可以利用的幻灯片时，如果能够快速复制到当前的幻灯片中，将会给工作带来极大的便利。

（1）在左边的"幻灯片"任务窗格中，将光标定位于需要复制幻灯片的位置，选择"开始"→"幻灯片"→"新建幻灯片"→"重用幻灯片"命令，如图 3.3.9 所示。

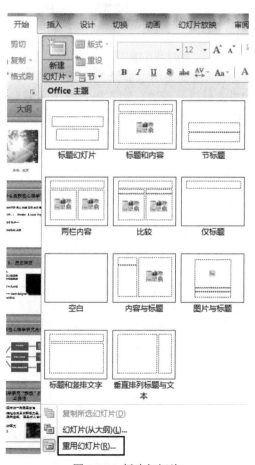

图 3.3.9　新建幻灯片

（2）在窗口右侧弹出"重用幻灯片"对话框，如图 3.3.10 所示。单击"浏览"按钮，选择需要复制的幻灯片文件，使其出现在"选定幻灯片"列表框中。选中需要插入的幻灯片，单击"插入"按钮；如果需要插入列表中的所有幻灯片，直接单击"全部插入"按钮即可。这样其他文档中的幻灯片就可为我们所用了。

图 3.3.10　"重用幻灯片"对话框

2. 在幻灯片放映时隐藏鼠标

在放映 PowerPoint 幻灯片时，有时我们需要对鼠标指针加以控制，使其一直隐藏。方法是：放映幻灯片时右击，在弹出的快捷菜单中选择"指针选项"→"箭头选项"→"永远隐藏"命令，如图 3.3.11 所示。如果需要恢复指针，则选择"指针选项"→"箭头选项"→"可见"命令。选择"自动"（默认选项）选项则将在鼠标停止移动 3 秒后自动隐藏鼠标指针，直到再次移动鼠标时才会出现。

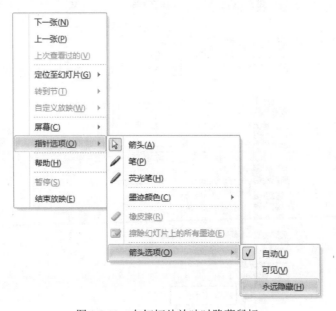

图 3.3.11　在幻灯片放映时隐藏鼠标

3. 打造多彩公式

在 PowerPoint 中也可以使用公式编辑器插入公式。但默认的公式都是黑色的，与我们演示文稿的背景很不协调。其实，我们可以选中编辑好的公式并右击，在弹出的快捷菜单中选择"Equation 对象"→Edit 命令，如图 3.3.12 所示。再单击"格式"工具栏中的"颜色"命令，即可在弹出的对话框中为公式指定其他颜色，如图 3.3.13 所示。

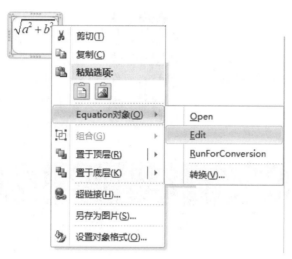

图 3.3.12　选择 Edit 命令

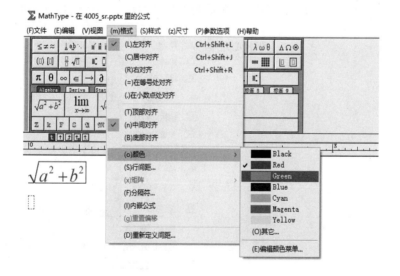

图 3.3.13　为公式指定颜色

4. PowerPoint 的特殊播放模式

播放 PPT 文档时，单击"幻灯片放映"→"观看幻灯片"命令将启动默认的全屏放映模式，这时必须按 Alt+Tab 或 Alt+Esc 组合键才能与其他窗口切换。如果在播放幻灯片时按住 Alt 键不放，依次按下 D、V 键激活播放操作，即可让幻灯片放映模式变成一个带标题栏和菜单栏的普通窗口形式，如图 3.3.14 所示，操作起来就方便多了。

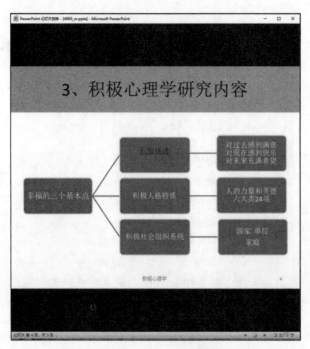

图 3.3.14　PowerPoint 的特殊播放模式

5. 去掉链接文字的下划线

在 PPT 文档中插入一个文本框，在文本框中输入文字，然后选择整个"文本框"并右击，选择"超链接"选项，如图 3.3.15 所示，在播放幻灯片时就看不到链接文字的下划线了。

图 3.3.15　去掉链接文字的下划线

6. PPT 编辑放映两不误

按住 Ctrl 键不放，单击"幻灯片放映"→"观看放映"命令，此时将幻灯片演示窗口缩小至屏幕左上角，如图 3.3.16 所示。修改幻灯片时，演示窗口会最小化，修改完成后再切换到演示窗口即可看到相应的效果。

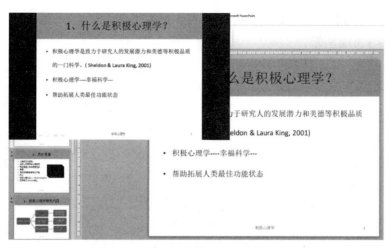

图 3.3.16　幻灯片演示窗口缩小至左上角

7. 轻松隐藏部分幻灯片

对于制作好的 PowerPoint 幻灯片，如果希望其中部分幻灯片在放映时不显示出来，可以将其隐藏。方法是：在普通视图下，在左侧的窗口中按 Ctrl 键，分别单击要隐藏的幻灯片，然后右击，在弹出的快捷菜单中选择"隐藏幻灯片"命令，如图 3.3.17 所示。如果想取消隐藏，只要选中相应的幻灯片，再进行一次上述操作即可。

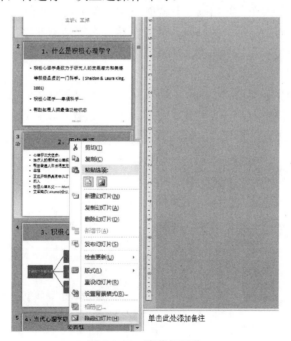

图 3.3.17　隐藏幻灯片

8. 将图片文件用作项目符号

一般情况下，我们使用的项目符号都是"1、2、3""a、b、c"等。其实我们还可以将图片文件作为项目符号，美化自己的幻灯片。首先选择要添加图片项目符号的文本或列表，单击"开始"→"段落"→"项目符号和编号"命令，在弹出的对话框中单击"图片"按钮，调出剪辑管理器，即可选择图片项目符号。在"图片项目符号"对话框中选择一张图片，再单击"确定"按钮，如图 3.3.18 所示。

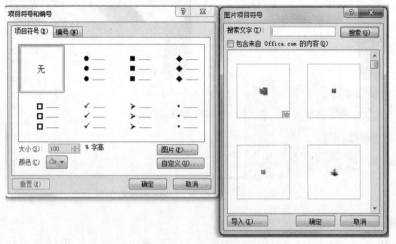

图 3.3.18　将图片文件用作项目符号

9．利用剪贴画寻找免费图片

当我们利用 PowerPoint 制作演示文稿时，经常需要寻找图片来作为辅助素材，其实此时不用登录网站去搜索，直接在"剪贴画"中就能找到。方法是：单击"插入"→"图像"→"剪贴画"命令，在窗口右侧会显示"剪贴画"任务窗格。在"搜索文字"文本框中输入所查找图片的关键词，再单击"搜索"按钮，如图 3.3.19 所示。

10．使用画笔做标记

使用 PowerPoint 放映幻灯片时，为了让效果更直观，有时我们需要现场在幻灯片上做些标记。在打开的演示文稿中右击，在弹出的快捷菜单中选择"指针选项"→"笔"选项，如图 3.3.20 所示，即可调出画笔在幻灯片上写写画画了，用完后，按 Esc 键即可退出。

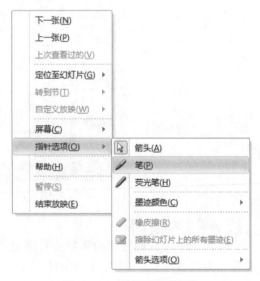

图 3.3.19　插入剪贴画　　　　　　　　图 3.3.20　利用画笔做标记

巩固提高

中秋节是我国的传统佳节，请你帮林老师准备一个精美的课件。打开素材文档 003_source.pptx，按 003_final.wmv 视频的演示内容使用所提供的素材进行设计，设计完成后保存原文件，并将演示文稿保存为 003.ppsx，保存类型为："PowerPoint 放映（*.ppsx）"。涉及的操作如下：

（1）设置背景格式。

（2）插入 SmartArt 图并设置样式和颜色。

（3）插入图片并设置图片样式。

（4）修改母版。

（5）设置页码。

（6）插入动画。

（7）设置幻灯片版式。

（8）设置段落格式。

（9）切换幻灯片。

（10）另存为 "PowerPoint 放映（*.ppsx）" 等。

任务 4   制作相册演示文稿

学习目标

1. 知识目标

- 掌握相册演示文稿的创建、视频转换、保存和打包
- 掌握利用各种图形框添加文字说明
- 掌握背景音乐的设置
- 掌握切换效果的设置
- 掌握动画效果的设置
- 掌握排练时间的设置

2. 能力目标

- 能够综合运用 PowerPoint 的操作知识制作精美的相册演示文稿

任务描述

上海一家公司为庆祝成立二十四周年，组织员工外出旅游，开展以"云南之旅"为主题的手机摄影比赛。活动负责人李经理希望比赛结束后，可以在年会上借助 PowerPoint 2010 展示优秀摄影作品。

任务实现

1. 新建相册演示文稿

（1）启动 PowerPoint 2010，单击"文件"→"新建"命令，在"新建"面板上双击"空白演示文稿"，创建一个空白演示文稿。

（2）单击"插入"→"图像"→"相册"命令，弹出"相册"对话框，如图 3.4.1 所示。

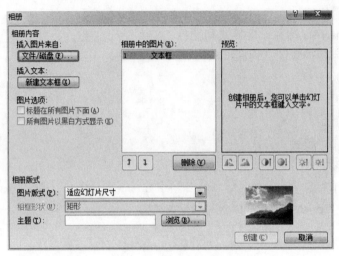

图 3.4.1　"相册"对话框

（3）在"相册"对话框中单击"文件/磁盘"按钮，弹出"插入新图片"对话框，选择"项目三\云南之旅"文件夹下的 01.jpg～08.jpg 图片文件，单击"插入"按钮选定图片文件并自动返回"相册"对话框。

（4）在"相册"对话框的"相册版式"区域中，设置图片版式为"4 张图片（带标题）"，相框形状为"简单框架，白色"，"主题"为"云南之旅"；在"相册内容"区域的"图片选项"中勾选"标题在所有图片下面"复选框，如图 3.4.2 所示。

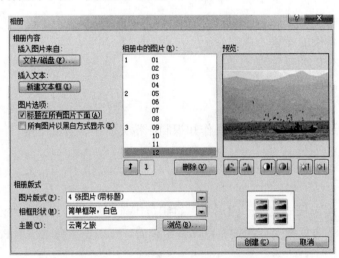

图 3.4.2　修改后的"相册"对话框

（5）单击"创建"按钮，将自动创建一个包含所有图片的相册演示文稿。修改第一张幻灯片，并选择合适的艺术字体输入相册标题（例如"××公司云南之旅"）、制作人（如"李经理"）等信息，如图 3.4.3 所示。

图 3.4.3　标题幻灯片

（6）单击左侧幻灯片缩略图，分别选择每一张幻灯片，依次为每张幻灯片的照片配上标题，如图 3.4.4 所示。

图 3.4.4　为照片配标题

（7）单击左侧幻灯片缩略图，单击"切换"→"切换到此幻灯片"命令，分别为每张幻灯片添加不同的切换效果。

（8）保存相册演示文稿，命名为"××公司云南之旅.pptx"。

2. 添加背景音乐

（1）选择第一张幻灯片，在工具栏中单击"插入"→"媒体"→"音频"→"文件中的音频"命令，弹出"插入音频"对话框，选择相应的音频文件，单击"插入"按钮，将音频插入到第一张幻灯片中，此时幻灯片中出现一个小喇叭标记。

（2）选择小喇叭标记，单击"动画"→"高级动画"→"动画窗格"按钮，在窗口右侧显示"动画窗格"窗格，设置"从上一项开始"，如图 3.4.5 所示。

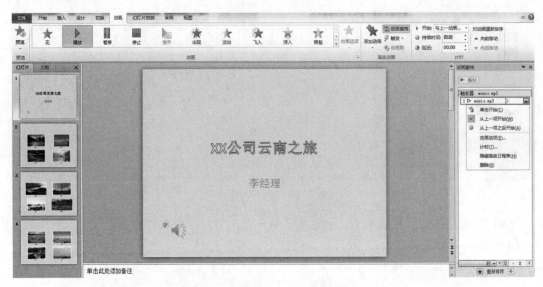

图 3.4.5　设置"从上一项开始"

（3）在"动画窗格"窗格中选择"效果选项"选项，此时弹出"播放音频"对话框，选择"效果"选项卡，设置"开始播放"为"从头开始"，"停止播放"为"在 7 张幻灯片后"，如图 3.4.6 所示。

（4）在"播放音频"对话框中选择"计时"选项卡，设置"重复"为"直到幻灯片末尾"，选择"部分单击序列动画"单选项，单击"确定"按钮，如图 3.4.7 所示。

图 3.4.6　"效果"选项卡　　　　　　　图 3.4.7　"计时"选项卡

3. 添加动画效果

（1）在幻灯片缩略图的末尾右击，在弹出的快捷菜单中选择"新建幻灯片"命令，插入一张版式为"空白"的新幻灯片。单击"插入"→"文本"→"艺术字"命令，插入内容为"谢谢观赏"的艺术字，并设置字号为"96 磅"，调整艺术字的位置。

（2）选择"谢谢观赏"艺术字，选择"动画"选项卡，在"动画"功能组中设置"飞入"动画效果。在"计时"功能组中，将"开始"设置为"上一动画之后"，"持续时间"设置为02.50，如图 3.4.8 所示。

图 3.4.8 "动画"选项卡

4. 设置排练时间

（1）选择第一张幻灯片的缩略图，单击"幻灯片放映"→"设置"→"排练计时"命令，自动启动幻灯片放映视图进入排练放映状态，同时出现一个"录制"时间导航条，如图 3.4.9 所示。

（2）当第一张幻灯片录制时间为"0:00:05"时，单击"下一项"按钮或在屏幕上单击鼠标切换到下一张幻灯片的放映时间设置。重复上述操作，设置其他幻灯片的放映时间。

（3）在结束所有幻灯片的录制后，就会显示如图 3.4.10 所示的提示对话框，询问是否保存放映的时间设置。如果单击"是"按钮，就会将排练好的幻灯片保存起来；如果单击"否"按钮，就会放弃录制的幻灯片排练时间，并可重新排练。

图 3.4.9 "录制"导航条

图 3.4.10 录制提示对话框

（4）按 F5 键或单击"幻灯片放映"按钮，即可欣赏最终效果。

（5）保存文件为"幻灯片放映类型"，命名为"××公司云南之旅.ppsx"。

5. 将电子相册演示文稿转换为视频文件

单击"文件"→"保存并发送"→"创建视频"→"创建视频"命令，命名为"××公司云南之旅.wmv"。

提示：如果转换成 WMV 视频文件后没有声音，则在"动画窗格"中双击声音文件，在弹出的对话框中选择"音频设置"选项卡，检查插入的声音文件是否显示为"文件：包含在演示文稿中"，如果显示为文件路径，则需要在演示文稿中重新插入声音文件。

知识拓展

1. 发布演示文稿

制作好演示文稿之后，我们可以将演示文稿通过 CD、电子邮件、视频等方式与同事或朋友共享。

（1）打包成 CD。

单击"文件"→"保存并发送"→"将演示文稿打包成 CD"→"打包成 CD"命令，在弹出的"打包成 CD"对话框中设置 CD 名称，单击"复制到文件夹"按钮，即可将演示文稿复制到包含.pptm 格式的文件夹中；单击"复制到 CD"按钮，即可将文件录制成 CD。

（2）发布幻灯片。

单击"文件"→"保存并发送"→"发布幻灯片"→"发布幻灯片"按钮，如图 3.4.11所示。在弹出的"发布幻灯片"对话框中选择需要发布的幻灯片，单击"浏览"按钮，在弹出的对话框中选择存放位置。最后单击"发布"按钮，发布后将分别生成独立的演示文稿。

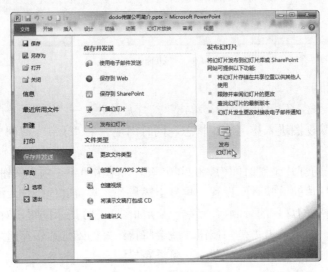

图 3.4.11　发布幻灯片

（3）创建讲义。

单击"文件"→"保存并发送"→"创建讲义"→"创建讲义"按钮，如图 3.4.12 所示。在弹出的对话框中选择讲义版式即可。

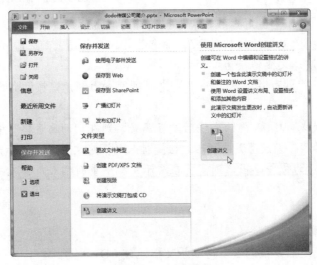

图 3.4.12　创建讲义

（4）将幻灯片发送到 PDF 文档。

1）在 PowerPoint 中打开演示文稿，单击"文件"→"保存并发送"→"创建 PDF/XPS 文档"→"创建 PDF/XPS"按钮。

2）在弹出的"发布为 PDF 或 XPS"对话框中设置保存的位置和文件名，文件类型为 PDF，如图 3.4.13 所示。

图 3.4.13　"发布为 PDF 或 XPS"对话框

3）单击"发布"按钮，此时系统将新建一个 PDF 文档，并将演示文稿复制到该文档中。

2. 输出演示文稿

输出演示文稿是将演示文稿保存并打印到纸张上。在 PowerPoint 2010 中，可以将演示文稿输出为图片或 PowerPoint 放映等多种形式。

（1）输出为图片或 PowerPoint 放映格式。

单击"文件"→"另存为"命令，在弹出的"另存为"窗格的"保存类型"下拉列表框中选择图片格式或幻灯片放映格式（.ppsx），单击"保存"按钮，如图 3.4.14 所示。

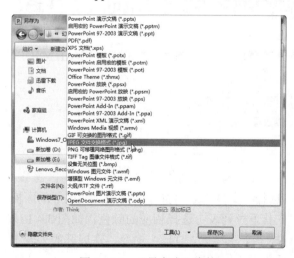

图 3.4.14　"另存为"窗格

（2）打印演示文稿。

1）设置打印范围。选择"文件"→"打印"命令，在展开的面板中单击"设置"列表中的"打印全部幻灯片"下拉按钮，在其下拉列表中选择相应的打印范围，如图 3.4.15 所示。

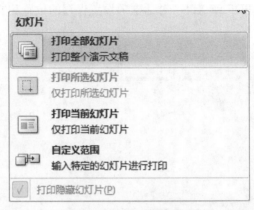

图 3.4.15　选择打印范围

2）设置打印版式。选择"文件"→"打印"命令，在展开的面板中单击"设置"列表中的"整页幻灯片"下拉按钮，在其下拉列表中选择相应的选项。若选择"幻灯片加框"复选项，则为打印的幻灯片添加边框效果，如图 3.4.16 所示。

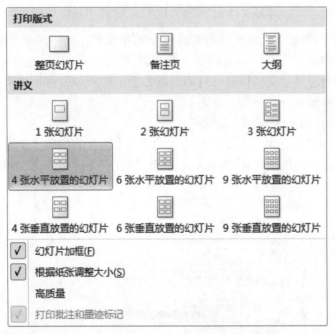

图 3.4.16　设置打印版式

3）设置打印颜色。选择"文件"→"打印"命令，在展开的面板中单击"设置"列表中的"颜色"下拉按钮，在其下拉列表中选择相应的颜色，如图 3.4.17 所示。

4）打印幻灯片。选择"文件"→"打印"命令，在展开的列表中单击"打印"列表中的"副本"微调按钮，然后单击"打印"按钮。

图 3.4.17 设置打印颜色

巩固提高

上海某商城计划开展拍摄产品宣传图比赛活动，并希望可以在会议上借助 PowerPoint 2010 展示这些优秀作品（12 张素材图片 004_1.jpg～004_12.jpg）。

要求如下：

（1）利用 PowerPoint 2010 应用程序创建一个相册，包含 12 幅摄影作品。"图片版式"设置为"2 张图片（带标题）"，"相框形状"设置为"矩形"，设置幻灯片的背景图片。

（2）为相册中的每张幻灯片设置不同的切换效果。

（3）在标题幻灯片后插入一张新的幻灯片，将该幻灯片设置为"标题和内容"版式。在该幻灯片的标题位置输入"产品宣传摄影优秀作品赏析"。

（4）为每张幻灯片添加一个艺术字格式的文字标题，并设置进入动画效果；为每张幻灯片中的 2 张照片添加进入动画效果，要求在标题动画效果结束之后再同时出现动画效果。

（5）将最后一张幻灯片的 2 张图片转换为 SmartArt 对象元素，输入相应的文字标题，为 SmartArt 对象添加自左至右的"轮子"进入动画效果，并要求在幻灯片放映时该 SmartArt 对象元素可以逐个显示。

（6）将素材声音文件 bgmusic.mp3 作为该相册的背景音乐，并在放映第二张幻灯片时开始播放，直至放映结束。

（7）保存该相册，并命名为"产品宣传摄影优秀作品赏析.pptx"。

全国高等学校计算机水平考试Ⅱ级《Office 高级应用》(2010) 考试大纲及样题(试行)

一、考试目的与要求

随着日常工作信息化程度的日益提高,文档、数据处理已经成为高校毕业生应当具备的一项基本技能。开设《Office 高级应用》(2010)Ⅱ级考试,主要目的是让学生能够在实际办公环境中开展具体应用,更熟悉岗位实际应用操作;让学生掌握更加专业、娴熟的办公技能,具备较强的信息处理能力。

(1)掌握 Office 2010 各组件的运行环境、视窗元素等。

(2)掌握 Word 2010 的基础理论知识及高级应用技术,能够熟练掌握长文档的排版(页面设置、样式设置、域的设置、文档修订等)、邮件合并操作等。

(3)掌握 Excel 2010 的基础理论知识及高级应用技术,能够熟练操作工作簿、工作表,熟练地使用函数和公式,根据应用需求构建公式,运用 Excel 内置工具进行数据分析,对外部数据进行导入/导出等。

(4)掌握 PowerPoint 2010 的基础理论知识及高级应用技术,能够熟练应用模版、母版,掌握多媒体效果、幻灯片放映设置和演示文稿的输出。

(5)了解 Office 2010 的文档安全知识,能够运用 Office 2010 的内置功能对文档进行保护。

(6)了解 Office 2010 的宏知识,掌握宏的简单应用。

二、考试内容

1. Word 2010 高级应用

【主要考点】

(1)Word 的基本功能,文档的创建、编辑、保存、打印和保护等基本操作。

(2)样式的建立和应用:样式的新建、修改、应用,设置样式快捷键,管理样式,快速删除样式,保护样式。

(3)模板的应用和建立:应用已有模板创建新文档,利用文档建立新的模板。

(4)设置字体和段落格式,应用文档样式和主题,调整页面布局等排版操作。

(5)文档中表格的制作与编辑,表格数据的运算。

(6)文档中图形、图像(片)的编辑和处理,文本框和文档部件的使用,符号与数学公式的输入与编辑。

(7)文档的分栏、分页和分节操作,文档页眉、页脚的设置,文档内容的引用操作。

(8)文档审阅、批注和修订。

(9)利用邮件合并功能批量制作和处理文档。

(10)多窗口和多文档的编辑,文档视图的使用。

（11）正确使用脚注、尾注、题注、超链接、交叉引用、索引和目录等的插入和引用。

（12）宏的综合应用：在文档中录制、编辑、修改、复制、删除和运行宏。

（13）域的设置与应用：掌握域的概念，能按要求创建域、插入域、更新域。

（14）分析多媒体素材，并根据需求提取相关信息引用到 Word 文档中；将 Word 文档转换为 PPT 文档等其他办公软件。

2. Excel 2010 高级应用

【主要考点】

（1）Excel 的工作簿和工作表的基本操作。

（2）工作表数据的输入、编辑和修改。

（3）窗口分割、窗口冻结、监视窗口的使用。

（4）样式、模板应用，应用模板控制样式，使用样式格式化工作表。

（5）工作簿和工作表的保护、共享及修订。

（6）单元格格式化操作、数据格式的设置。

（7）单元格的引用、公式和函数的使用，根据应用需求构建计算公式。

（8）多个工作表的联动操作。

（9）迷你图和图表的创建、编辑与修饰。

（10）数据的复杂排序、筛选、分类汇总、分组显示和合并计算。

（11）数据透视表和数据透视图的使用。

（12）数据模拟分析和运算。

（13）宏功能的简单使用。

（14）获取外部数据并分析处理。

（15）分析数据素材，并根据需求提取相关信息引用到 Excel 文档中。

3. PowerPoint 2010 高级应用

【主要考点】

（1）演示文稿中幻灯片的主题设置、背景设置、母版制作和使用。

（2）幻灯片中文本、图形、SmartArt、图像（片）、图表、音频、视频、艺术字等的编辑和应用。

（3）幻灯片动画设置：幻灯片中对象动画、幻灯片的切换效果设置。

（4）动作按钮、链接操作等的交互设置与应用。

（5）幻灯片放映设置。

（6）演示文稿的打包和输出。

（7）分析图文素材，并根据需求提取相关信息引用到 PowerPoint 文档中。

三、考试方式

机试，考试时间为 105 分钟，满分 100 分。

四、考试题目类型

考试试题题型（分值）：Word 操作题（2 题，35 分），Excel 操作题（2 题，45 分），PowerPoint 操作题（1 题，20 分）。

五、考试环境

Office 2010（必须完全安装）。

六、考试样题

1. Word 2010 高级应用操作（35 分）

（1）请打开 7.docx 文件，完成以下操作：（20 分）

1）样式的建立和使用。

修改样式"标题 1"，样式名：推广手册一级标题，格式：黑体、二号、居中、行距固定值 25 磅、段前段后距 1 行，大纲级别 1 级、自动更新；应用到每一篇的标题。

修改样式"标题 2"，样式名：推广手册二级标题，格式：黑体、三号、居中、段前段后距 0.5 行，大纲级别 2 级、自动更新；应用到每一章的标题。

新建样式，样式名：推广手册导语，格式：宋体、小四号、加粗、段前段后距 0.5 行，悬挂缩进 4.2 字符、项目符号，自动更新；应用到以？开头的段落。

新建样式，样式名：推广手册正文，格式：宋体、小四号、行距固定值 25 磅、段前段后距 0.5 行，首行缩进 2 字符、自动更新；应用到正文其他段落。

2）题注、交叉引用。

在文档中每幅插图下方、表格上方，分别添加如"图 1""图 2""表 1""表 2"的题注，居中对齐。

为正文中的"如下表所示"的"下表"插入交叉引用，引用类型为"表"，引用内容为"整项题注"，插入为超链接，并引用相应题注。

3）图形处理。

在"第一章　招商程序处"插入 SmartArt 图形，制作垂直流程图，输入图示文字。

4）分页与分节。

插入分页符，封面为一节、目录为一节、每篇均为一节。

5）页眉设置，图片处理。

所有页眉以图片 qiu.jpg 开头，图片高度为 4.2 厘米，宽度为 5 厘米。目录页眉为"广州汽车电子有限公司——目录"，奇数页页眉为"广州汽车电子有限公司——产品推广手册"，偶数页页眉为"广州汽车电子有限公司——"+每篇题名。其中公司名为华文行楷、小五号，其他文字为宋体、小五号。

6）页码设置。

使用域在页脚中插入页码，封面不显示页码，目录采用罗马数字格式页码（Ⅰ,Ⅱ,Ⅲ），正文采用阿拉伯数字格式页码（-1-,-2-,-3-）。

7）制作目录。

在第二页添加目录，目录格式为"正式"，显示到二级标题，显示页码且右对齐，显示制表符前导符……；目录格式：宋体、小四号、段前段后距 0.5 行。

8）文档视图的使用。

文档用"文档结构图"视图显示，保存文件。

（2）请打开文件 2.docx，完成以下操作。（15 分）

1）查找与替换，分栏。

将"第 107 届广展区设置"的下一段进行分栏设置：将所有的"；"换为段落标记，再分为三栏。

2）宏的综合应用，表格制作。

录制宏，并在"第 107 届广交会会展时间"后面插入该宏。

宏名：会展时间表；内容：3 行 5 列表格；对齐方式：水平垂直居中；边框设置：褐色，实线，外框线粗 1.5 磅，内框线 1 磅；底纹：茶色，"清除"样式；输入相关文字；单元格 E2 和 E3 上下左右边距均为 0；文本格式：中文宋体、小四号，第一行加粗。

3）域的设置与使用。

将日期"2010-8-8"更改为 Data 域，格式为 yyyy'年'M'月'd'日'。

4）模板的应用与建立。

保存文件 2.docx，并另存为模板，文件名为"会展邀请函.dot"。

5）邮件合并。

以 2.docx 为主文档，采用信函类型；2.mdb 为数据源，将姓名和职务插入"尊敬的"后面。主文档先保存为 2.xml 格式文件。合并所有记录到新文档，并将新文档保存为 3.docx 文档。

2. Excel 2010 高级应用操作（45 分）

（1）请打开 gzb.xlsx 文件，完成下列操作并保存结果：（25 分）

1）在 H3:H24 单元格区域中，为每名员工的生活补贴加上 300，并将 B3:B24 单元格区域的格式复制到 H3:H24 单元格区域。

工号	姓名	性别	部门	职务	基本工资	职务津贴	生活补贴	应发工资	保险扣款	应税所得额	个人所得税	实发工资
					南国方圆公司工资表							
fy0001	杨建华	男	技术部	职员	3300	500	1050	5350	418	2932		
fy0002	赵小宁	女	财务部	职员	2600	500	1050	4150	286	3864		
fy0003	梅寒发	男	行政部	部门经理	4200	1500	1050	6750	462	6283		
fy0004	李艳	女	客服部	部门经理	4200	1500	1050	6750	462	6283		
fy0005	王利华	女	客服部	职员	3200	500	1050	4750	352	4398		
fy0006	蒋晓舟	男	技术部	部门经理	6200	1500	1050	8750	682	8068		
fy0007	李园	女	技术部	工程师	4600	1000	1050	6650	506	6144		
fy0008	萧平山	男	技术部	职员	3200	500	1050	4750	352	4398		

2）设置数据有效性，当选中工资表"部门"列的任一单元格时，在其右侧显示一个下拉列表框箭头，并提供"技术部""财务部""行政部""客服部"和"销售部"选项供用户选择；在 F3:F24 单元格区域设置数据有效性 1800-6000，如果输入的值不在指定的范围内，则提示错误信息"请在 1800-6000 之间输入"，"停止"样式，同时标题为"错误"。

3）在 L3:L24 单元格区域计算各员工的个人所得税。个人所得税＝应税所得额×税率-速算扣除数。税率和速算扣除数在个人所得税税率表中。

级数	全月应纳税所得额	税率	速算扣除数	
		个人所得税税率表		
1	<500	5%	0	
2	>=500 and <2000	10%	25	
3	>=2000 and <5000	15%	125	
4	>=5000 and <20000	20%	375	

4）在 M3:M24 单元格区域计算各员工的实发工资，即从应发工资中扣除掉保险扣款和个人所得税。

5）通过设置自定义条件格式，在 F3:F24 单元格区域对高出 F3:F24 区域数据平均值的数据以红色、加粗显示；设置 K3:K24 单元格区域的格式：为数据加上千位分隔样式、人民币符号，保留小数点后两位。

6）将工资表中的数据按部门、性别、基本工资和职务津贴四个字段的先后主次顺序，从低到高升序排列。

7）复制工资表，将复制的工资表命名为"数据汇总"，在数据汇总表中统计出各部门的人数、应发工资和实发工资的平均值，显示各部门汇总与总和及技术部的明细数据。

8）复制工资表，将复制的工资表命名为"数据筛选"，筛选出应发工资介于 4000～7000之间且所有姓王和姓杨的女职工。

（2）请打开 xsb.xlsx 文件，完成下列操作并保存结果：（20 分）

1）在一季度销售表中，统计出单价大于 1000 且小于 20000，所属类别为蓝想系列的商品数量，条件区域置于 K3 单元格，统计结果置于 N3 单元格。

	A	B	C	D	E	F	G	H
1				一季度销售表				
2	商品编号	所属类别	商品名称	型号	单价	数量	金额	销售代表
3	FPH70085	办公耗材	硒鼓	HP2612	179	3	537	李荣
4	FPH70085	办公耗材	硒鼓	HP2612	179	4	716	李荣
5	FPH70088	办公耗材	硒鼓	LC4096	340	11	3740	余伟
6	FPTY0054	办公设备	明基投影仪	RCE9	3980	3	11940	李荣

2）在一季度销售表中建立数据透视表，以所属类别为筛选项，按商品名称反映销售代表的销售金额，数据透视表置于 A38 单元格。

3）在一季度销售表中，以销售代表为筛选项，按商品名称反映销售代表的各类商品销售数量及所占百分比，建立数据透视图，反映销售代表王得华各类商品销售数量的占比情况，图表类型为三维饼图，图表区为麦浪滚滚预设背景。

4）在一、二季度销售表中，将一季度销售表和二季度销售表中各商品的数量、金额合并计算，并将合并后的数据加粗、红色显示。

5）利用公式和函数计算，对入库表 2 和入库表 1 里相同商品的入库数量进行核对，将核对结果放于入库表 2 中 F3:F19 单元格区域。

商品编号	所属类别	商品名称	型号	数量	核对结果
		产品入库表2			
FPH70085	办公耗材	硒鼓	HP2612	4	
FPH70088	办公耗材	硒鼓	LC4096	11	
FPTY0054	办公设备	明基投影仪	RCE9	3	
FPTY0053	办公设备	明基投影仪	E8	5	

3. PowerPoint 2010 高级应用操作（20 分）

请打开 dxgh.pptx 文件，按下列要求操作并保存结果：

（1）将第三张幻灯片中的剪贴画设为三维旋转等轴左下形状效果，高度设为 10 厘米，3磅实线轮廓线，画图笔划艺术效果。

（2）在第四张幻灯片中插入图表，图表的数据源是此幻灯片中的数据表格，图表类型为三维簇状柱形图。

（3）在第一张幻灯片中插入"春天的芭蕾.mp3"作为背景音乐，自动、连续播放。在最后一张幻灯片中设置一个指向第二张幻灯片的动作铵钮，播放伴音"风铃"。

（4）将第二张幻灯片中的文本转换为 SmartArt 垂直图片重点列表布局图，优雅效果样式，彩色填充-强调文字颜色2。

（5）在演示文稿中所有幻灯片的右上方插入图片:ppt.jpg，添加日期和幻灯片编号，字号为10号，字体为黑体。要求日期能自动更新；编号从2开始，放在右下方。

（6）将第二张幻灯片设为"雨后初晴"预设颜色，第六张幻灯片设为"波形"主题，行云流水主题颜色。

（7）将第三张幻灯片中的图片设为"从右侧飞入"，全部幻灯片切换效果设为"水平百叶窗"，换页方式为"单击鼠标"。

（8）设置名称为"放映1"，自定义放映，放映顺序为"第2、第4、第6、第8张幻灯片"，排练计时，设为展台浏览循环放映。

参考文献

[1] 谢海燕，吴红梅. Office 2010 办公自动化高级应用实例教程[M]. 北京：中国水利水电出版社，2013.

[2] 於文刚，刘万辉. Office 2010 办公软件高级应用实例教程[M]. 北京：机械工业出版社，2018.

[3] 赖利群. Office 2010 办公软件案例教程[M]. 3 版. 北京：人民邮电出版社，2014.

[4] 宫国顺，尹宏飞，徐秀华. Office 2010 高级应用项目化教程[M]. 北京：电子工业出版社，2018.

[5] 邓荣，唐林. 办公自动化项目化教程[M]. 北京：中国水利水电出版社，2015.

[6] 张丽玮，周晓磊. Office 2010 高级应用教程[M]. 北京：清华大学出版社，2014.

[7] 赖利君，谭营军. Office 2010 办公软件应用立体化教程[M]. 北京：人民邮电出版社，2015.

[8] 吴卿. 办公软件高级应用考试指导（Office 2010）[M]. 杭州：浙江大学出版社，2014.